Marlies Busch

W0462996

Bartagamen

79 Fotos

14 Zeichnungen

Ulmer

Die Bartagame in der Familie

Sie haben sich entschieden, Bartagamen zu halten und das Terrarium läuft schon zur Probe? Erfahren Sie, wie Sie am besten zu gesunden, kräftigen Tieren kommen.

Bartagamen in der Natur und im Terrarium

Möglichst genau zu wissen, wie Bartagamen in den Wüsten Australiens leben, ist die Grundlage für optimale Bedingungen im Terrarium. Hier erfahren Sie alles dazu.

Speiseplan der Bartagamen

Bartagamen warten meist als Ansitzjäger auf Beute oder nehmen, was ihnen an Pflanzlichem vor der Nase wächst. Hier finden Sie alles über die beste Art der Ernährung Ihrer Tiere.

57

Das Verhalten der Bartagamen

Beobachten Sie Ihre Bartagamen, lernen Sie, ihre Verhaltensäußerungen zu verstehen, dann können Sie auf die Bedürfnisse der Tiere viel besser eingehen.

65

Biologie und Gesunderhaltung

Körperbau, Eigenschaften und Fortpflanzung der Bartagamen passen perfekt zu ihrer Lebensweise in der Wüste. Wie Sie ihre Tiere gesund erhalten, finden Sie hier.

89

Service

Infos drumherum sind immer wichtig, darum gibt es hier Hinweise zu Literatur, Bezugsquellen, Internet und natürlich ein Stichwortverzeichnis für die leichte Suche im Buch.

Einleitung

Bartagamen zählen seit einigen Jahren zu den beliebtesten Terrarientieren. Die Faszination, die von ihnen ausgeht, liegt nicht allein in der Ähnlichkeit mit Drachen oder Sauriern. Bartagamen gehören auch zu den wenigen Reptilien, die eine Beziehung zu ihrem Pfleger aufbauen können. Die vielen begeisterten Bartagamenhalter können sich nicht irren, wenn sie behaupten, ihre Pfleglinge würden ausgesprochen zahm, sogar zutraulich, auf den Namen hören, ja sogar kommen, wenn man sie ruft. Zu ihnen lässt sich ein Verhältnis aufbauen, wie man es sonst nur von Haustieren mit Fell oder Federn kennt.

Es soll hier nicht von Kuschelechsen oder Schmusedrachen die Rede sein, sondern einfach von der Kommunikation zwischen Halter und Pfleglingen. Womöglich liegt es an der Art, wie die Bartagamen den Pfleger aufmerksam, mit leicht schief gelegtem Kopf anschauen, wenn er mit ihnen spricht. Wie sie angelaufen kommen, wenn sie Futter erwarten oder einen Ausflug ins Freigehege, wie sie neugierig jede Aktion in und um das Terrarium beobachten. Zählt man ihre moderate Größe von rund 50 cm und ihr recht unproblematisches Nahrungsspektrum dazu, scheinen sie die idealen Hausgenossen für Terrarienliebhaber zu sein.

Besser vorher nachgedacht

Doch bei all dem sollte man ihre Ansprüche nicht vergessen. Die Minidrachen brauchen ein entsprechend großes Terrarium und viel Licht, was sich an den Stromkosten zeigt. Neben pflanzlicher brauchen sie auch tierische Nahrung in Form von Heimchen, Grillen oder Heuschrecken – und dies ist nicht jedermanns Sache.

Gut zu wissen

Lassen Sie sich keinesfalls zu einem Spontankauf hinreißen. Überlegen Sie genau, ob sie die Ansprüche des Tieres erfüllen können. Auch wenn Bartagamen als Einsteigertiere für Anfänger geeignet erscheinen, heißt da nur, dass sie Haltungsfehler nicht ganz so schnell mit Krankheit und Tod quittieren wie manch anderes Reptil.

Mit der Anschaffung sollten alle Mitglieder des Haushalts einverstanden sein, denn man trägt die Verantwortung für ein solches Tier zehn Jahre und länger. Oft legt sich die anfängliche Begeisterung bei Kindern und Jugendlichen rasch und die Hauptbetreuung liegt dann ganz bei den Eltern. Bedenken Sie, dass auch eine Urlaubsvertretung für die Pflege des Tieres gefunden werden muss. Sind all diese Dinge geklärt, steht einer Anschaffung nichts mehr im Wege. Liebevoll und kompetent gepflegt, entwickeln sich Bartagamen zu faszinierenden Hausgenossen.

Bartagamen werden, verglichen mit vielen anderen Reptilien, recht zahm und erkennen schnell ihren Pfleger.

Die Bartagame in der Familie

Sie haben sich entschieden, Bartagamen zu halten und das Terrarium läuft schon zur Probe? Erfahren Sie, wie Sie am besten zu gesunden, kräftigen Tieren kommen.

Wenn man Bartagamen im Terrarium halten möchte, sollte vorher klar sein, dass die ganze Familie damit einverstanden ist und am besten auch bei der Pflege mitmacht.

Der Kauf

Gut zu wissen

Abzuraten ist vom Kauf auf Reptilienbörsen. Durch den Transport und den Haltungsbedingungen dort erleiden die Tiere unendlichen Stress. Zudem ist das Übertragungsrisiko für Krankheitserreger und Ektoparasiten, etwa Milben, bei der großen Anzahl ausgestellter Tieren sehr groß.

„Schönheitsfehler"

Hat ein Tier nur einen unvollständigen Schwanz oder fehlende Zehen, die Wunden sind aber gut verheilt, so beeinträchtigt dies höchstens sein Aussehen, nicht aber sein Wohlbefinden.

Sie haben die Entscheidung getroffen, eine oder mehrere Bartagamen zu halten und das Terrarium mit seiner Technik läuft bereits seit einiger Zeit zur Probe. Nun wollen Sie die geeigneten Tiere auswählen. Wichtig ist, nur gesunde, kräftige Tiere zu erwerben. Lassen Sie sich nicht zu einem Mitleidskauf verführen. Schauen Sie sich kritisch in der Zoohandlung oder beim Züchter um. Sind die Terrarien in einem sauberen und guten Zustand? Sind die Tiere gepflegt, sehen sie gesund aus, sind sie vital, wohlgenährt und nicht faltig?

Wo kaufen?

Die Bartagamen **lokal** zu kaufen und selbst abzuholen, erspart ihnen unnötigen Stress durch das Verschicken und Sie schonen damit die Umwelt.

Ob vom versierten **Züchter** oder in einer **Zoohandlung** hängt von der jeweiligen fachlichen **Kompetenz** des Verkäufers ab. Es gibt genauso viele gute oder schlechte Züchter wie Zoohändler.

Sind die Terrarien beim Verkäufer ausreichend groß? Und dies, obwohl bei **Verkaufsterrarien** die Mindestanforderungen zur Tierhaltung nicht eingehalten werden müssen. Stimmen Temperatur und Luftfeuchtigkeit?

Ist das **Personal** fachkundig oder verweist es lediglich auf Literatur? Wie allgemein oder kompetent ist das Verkaufsgespräch?

Verzichten Sie auf den Kauf, wenn die Tiere

- einen verkrümmten Rücken, weichen Kiefer, steife Gliedmaßen, Beläge, Schaum vor dem Maul oder Apathie zeigen. Dies sind eindeutige **Krankheitszeichen**.
- auf zittrigen Beinchen daherkommen, denn dann haben sie eindeutig **Mangelerscheinungen**. Zittern sie jedoch bei der Jagd, ist dies eine Art Überreaktion und kein Krankheitssymptom.

Bei so vielen Jungtieren fällt die Wahl oft schwer. Der Anfänger sollte aber auf jeden Fall für ein kräftiges, agiles Tier entscheiden.

Checkliste

Ein **Jungtier** sollte beim Erwerb mindestens einen Monat alt sein und gut ans Futter gehen.

Entscheiden Sie sich für die **aktiven** und **aufmerksamen** Tiere, nicht für die ruhigen, unauffälligen, auch wenn diese eher zahm zu sein scheinen. Solche könnten unter Umständen krank sein. Außerdem werden auch die agileren Exemplare bei entsprechender Haltung noch zutraulich.

Lassen Sie sich die Kloake des Tieres zeigen. Ist sie **sauber** oder verklebt? Oft finden sich hier Zecken oder andere **Milben**. In dem Fall wäre die Behandlung in einem **Quarantäneterrarium** notwendig.

Wollen Sie ein **Pärchen** zu Zuchtzwecken erwerben, ist unbedingt darauf zu achten, dass die Tiere **nicht** miteinander **verwandt** sind. Dies lässt sich oft nicht leicht feststellen, weil Inzucht in der Bartagamenzucht häufig ist. Verursacht wird sie vor allem durch das Ausfuhrverbot von Zuchttieren aus Australien.

Tipp

Anfängern sei ein halbwüchsiges oder erwachsenes Tier empfohlen, es ist weniger anfällig für Krankheiten und toleranter gegenüber Haltungsfehlern.

Gut zu wissen

Knickschwänze und Buckelbildung deuten auf eine Erbkrankheit hin und solche Tiere sind zur Zucht nicht geeignet. Diese Krankheit kommt häufig bei *Pogona henrylawsoni* vor, denn die gesamte Population bei uns basiert auf wenigen Gründertieren.

Transport

Sie haben eine oder mehrere Bartagamen ausgewählt und nun steht der Transport nach Hause an. Große Tiere werden einzeln in Leinensäckchen verpackt und dann in eine Faunabox mit Lüftungsschlitzen gesetzt. Dadurch sind die Tiere visuell von der Umgebung abgeschirmt und können so stressfrei wie möglich transportiert werden.

Jungtiere kommen in eine mit Zellstoff ausgelegte Plastikbox, die ebenfalls Lüftungslöcher haben muss. Da sie sehr schnell auskühlen und sich damit lebensgefährliche Erkrankungen zuziehen können, ist es ratsam, eine Styroporkiste bereit zu halten. Weil diese nicht mit Luftlöchern versehen werden kann, sollte sie entsprechen groß sein, damit das Tier bei einem längeren Transport nicht erstickt.

Während der kalten Jahreszeit und auf langen Strecken kann mit einer Wärmflasche oder einem Taschenwärmer für genügend Wärme gesorgt werden. Die Temperatur sollte aber 35 °C nicht übersteigen, sonst besteht die Gefahr, dass die Tiere überhitzen.

Info

Die Tierschutztransportverordnung regelt bei längeren Transporten lebender Tiere, unter welchen Voraussetzungen der Transport zu geschehen hat. Sie verlangt, dass wechselwarme Tiere in einem Behältnis befördert werden müssen, der ihrem Platz- und Temperaturbedürfnis entspricht.

Die Transportkiste muss der Größe des Tieres angepasst sein.

Auch wenn der Neuankömmling einen vorwitzigen Eindruck macht und der Pfleger voll Begeisterung ist, sollten die ersten Tage sehr ruhig verlaufen.

Eingewöhnung

Da der Transport immer mit Stress für die Tiere verbunden ist, sollten die ersten Tage im neuen Terrarium sehr ruhig angegangen werden. Anhaltender Stress schwächt auch eine gesunde Agame und deren Immunsystem, sie wird anfälliger für Krankheitserreger.

Soll die neue Bartagame mit bereits vorhandenen Tieren vergesellschaftet werden, ist es unbedingt erforderlich, sie zuerst in einem Quarantäneterrarium unterzubringen. Dort verbleibt sie solange, bis unter anderem durch die Untersuchung einer Kotprobe sichergestellt ist, dass das Tier gesund ist.

In diesem Terrarium sollten die Tiere möglichst ohne Stress gehalten werden. Also die Neulinge nicht herausnehmen, es sei denn, es müssen Medikamente verabreicht oder das Terrarium gereinigt werden.

Quarantäneterrarium

Die Größe des Quarantäneterrariums ist für die relativ kurze Aufenthaltsdauer der Tiere zwar nicht so maßgebend, doch sollte die Mindestlänge bei 80 bis 100 cm liegen. Ein Quarantäneterrarium ist ebenfalls notwendig, um einzelne Tiere im Krankheitsfall zu separieren.

Es sollte aus hygienischen Gründen nur mit einer Zellstoffauflage ausgelegt sein, also ohne Bodengrund. Sonst entspricht es in der Ausstattung mit Licht, Heizung, Versteck- und Klettermöglichkeiten, Futter- und Wasserstelle dem komplett eingerichteten Terrarium, nur in vereinfachter Form.

Tipp

Die zu vergesellschaftenden Bartagamen sollten unbedingt etwa die gleiche Körpergröße besitzen, damit eine Unterdrückung kleinerer durch größere verhindert wird. Bei einem eklatanten Größenunterschied könnte das kleinere Tier sogar als Beute angesehen werden, mit fatalen Folgen.

Vergesellschaftung

In ihrem natürlichen Lebensraum kommen Bartagamen nur in der Paarungszeit zusammen. Deshalb sollten sie auch in Zimmerterrarien einzeln gehalten werden. Je nach dem Temperament der Tiere ist bestenfalls ein Paar oder eine Gruppe aus einem Männchen und mehreren Weibchen möglich und bei genügend Platz meist auch unproblematisch.

Will man eine Bartagame mit einer anderen vergesellschaften, so empfiehlt es sich, zuerst den Neuankömmling nach der Quarantänezeit einzeln in das frisch gestaltete Gesellschaftsterrarium zu setzen. Dann kann er sich in Ruhe umsehen, Verstecke suchen und er hat gegenüber den später hinzugesetzten, alteingesessenen Tieren einen leichten Zeit- und Platzvorteil.

Stress vermeiden

Es kann bei der Haltung mehrerer Bartagamen zusammen auch zu Stressverhalten kommen. Anzeichen dafür sind anhaltend dunkle Färbung, Inaktivität, das Bedürfnis sich zu verstecken und Fressunlust. All dies kann ihre Lebenserwartung verkürzen.

Bei Paar- oder Gruppenhaltung ist vor allem auf ein genügend großes Terrarium zu achten (siehe Seite 24), in dem möglichst zwei Futterplätze, ausreichend Versteckmöglichkeiten und möglichst gleich hohe Sonnen- und Aussichtsplätze zur Verfügung stehen. Am besten hat sich die langjährige Paarhaltung (Köhler, Griesshammer, Schuster, 2004) von *Pogona vitticeps* und *Pogona henrylawsoni* bewährt.

Niemals sollte man in einem Terrarium zwei männliche Tiere zusammen halten. Meist versucht das unterlegene durch Vortäuschung weiblichen Verhaltens dem Aggressionstrieb des dominanten Tieres zu entgehen. Der Stress dabei ist aber so groß, dass seine Lebenserwartung rapide sinkt. Um zwei Männchen in Dauerstress zu versetzen, genügt es oft schon, wenn sie sich nur durch die Glasscheiben benachbarter Terrarien sehen können.

Vergesellschaftung mit Echsen anderer Gattungen

Dies ist in einem handelsüblichen Zimmerterrarium generell nicht empfehlenswert, auch wenn es in einigen Zoos in entsprechend großen Gehegen durchaus funktioniert. Von solchen Experimenten im Wohnzimmer ist schon deshalb abzuraten, weil hier der Wunsch nach Exotik auf Kosten der Tiere geht.

Einige Echsenarten verlangen zwar ähnliche Haltungsbedingungen oder stammen aus gleichen Herkunftsgebieten wie die Bartagamen. Doch

Gut zu wissen
Der Halter einer einzelnen weiblichen Bartagame kann von einer Trächtigkeit ohne Kontakt mit einem Männchen völlig überrascht werden. Das Weibchen bildet unbefruchtete Eier und kann in Legenot geraten, sollte der Halter nicht darauf vorbereitet sein und durch entsprechenden Bodengrund für eine Eiablage vorgesorgt haben.

Eine kräftige, gesunde Bartagame, die ihrem Halter bestimmt viel Freude bereitet.

Ein wenige Wochen alter Winzling, der so groß ist wie der kleine Finger einer Frauenhand.

Warane entwickeln beispielsweise einen derartigen Fresseifer, dass sie vor einem Häppchen Bartagame nicht zurückschrecken, und auch Bartagamen (Hauschild, 2001) haben schon ganze, 18 cm große Kragenechsen aufgefressen – vermeidbare Unfälle.

Jungtier oder erwachsene Bartagame?

Bartagamen legen im Frühling ihre Eier ab, sodass die Sommer- und Herbstmonate die Zeit der kleinen Bartagamenbabys sind. Dann werden sie im Handel angeboten. Die Tierchen wachsen bei guter Pflege sehr schnell und in spätestens zwei Jahren haben Sie ein ausgewachsenes Exemplar.

Sicherlich macht es sehr viel Freude, die Entwicklung einer winzigen Bartagame zum ausgewachsenen Minisaurier zu beobachten, auch kosten die kleinen weniger. Allerdings sind die Babys wesentlich anfälliger für Krankheiten und Haltungsfehler schlagen sich schneller auf ihre Entwicklung und ihr Wohlbefinden nieder. Die Unterscheidung der Geschlechter ist weit schwieriger, was zum Problem werden kann, will man zwei oder mehrere Tiere in einem Terrarium halten.

Erwachsene Tiere werden seltener angeboten, doch gerade für den Anfänger in der Terrarientierhaltung sind sie zu empfehlen. Die Geschlechtsbestimmung beim adulten Tier ist einfach und sicher, die Agamen sind widerstandsfähiger und robust genug, um auch Pflegefehler zu verkraften. Und je nach Geschmack des Halters macht 50 cm große Bartagame sicherlich mehr Eindruck als ein Winzling von 10 oder 15 cm.

Eine schön gezeichnete, gesunde Bartagame.

Kosten für Anschaffung und Unterhalt

Die Terraristik ist kein kostengünstiges Hobby. Der Anschaffungspreis für das Tier schlägt dabei am wenigsten zu Buche. Kostspieliger sind das Terrarium, Beleuchtung, Heizung und die Summe der Kleinteile, wie Wassernapf, Thermometer, Hintergründe, Bodengrund und anderes mehr.

Zudem sind die Betriebskosten relativ hoch, da die Technik eine Menge Strom verbraucht und auch die Lichtquellen in regelmäßigen Abständen erneuert werden müssen.

Die Futterkosten für Bartagamen fallen nicht weiter ins Gewicht, Grünfutter können Sie aus Ihrem eigenen Familienbedarf an Obst und Gemüse decken und die tierische Nahrung ist nicht so exorbitant teuer. Zu bedenken wären noch die Tierarztkosten, die unter Umständen anfallen. Allerdings lassen sie sich durch das Vermeiden von Haltungsfehlern stark in Grenzen halten.

Alles in allem sollten Sie sich gründlich überlegen, ob Sie sich den finanziellen und auch den zeitlichen Aufwand über den langen Zeitraum von zehn Jahren und mehr, denn so lange leben Bartagamen, leisten können. Nichts ist trauriger, als aus finanziellen Gründen seine Tiere abgeben zu müssen.

Energiespartipp

Auch wenn der Strom bei der Reptilienhaltung sehr viel kostet, darf am Licht für die Bartagamen nicht gespart werden. Eine Zeitschaltuhr hilft beim Stromsparen.

Umgang mit dem neuen Familienmitglied

Wie für jedes Lebewesen ist der Umzug in ein neues Heim auch für Bartagamen mit viel Stress verbunden. Selbst wenn sie nicht mit Artgenossen vergesellschaftet werden, sollten sie die ersten Tage in Ruhe gelassen werden. Keine schnellen, hektischen Bewegungen vor dem Terrarium, kein ständiges Hineinstarren und Herausnehmen der Tiere, außer es sollte eine Medikamenteneingabe nötig sein. Auch das Hantieren im Terrarium sollte auf ein Minimum beschränkt werden. Die Bartagamen müssen ihr neues Heim in Ruhe inspizieren, Versteckmöglichkeiten suchen, den Sonnenplatz ausmachen können und erst dann, wenn sie sich völlig sicher fühlen, können Sie beginnen, Kontakt mit ihnen aufzunehmen.

Wie wird meine Bartagame zutraulich?

Bartagamen sind neugierig. Bald wird das Tier den Pfleger erkennen, ja den Kopf drehen, wenn es ihn hört. Die erste Kontaktaufnahme sollte stets mit etwas Angenehmem verbunden sein. Bei Bartagamen ist dies zuallererst Futter.

Soll das Tier handzahm werden, können Sie versuchen, seinen Fluchtabstand durch das Anbieten eines Leckerbissens immer mehr zu verringern,

Zwei, die sich verstehen, Vroni und die Bartagame Nanu, die neugierig die Umgebung erkundet.

Bartagame Nina reagiert sogar auf die leere grüne Pinzette, so kann man auch Futter, das nicht so gerne genommen wird, auf spannende Weise servieren.

bis das Futter direkt aus der Hand genommen wird. Zuerst füttert man mit einer langen Pinzette – am besten tierische Nahrung. Nach einigen Tagen verkürzt man den Abstand zur Hand immer weiter, bis nach einigen Wochen die Pinzette ganz unnötig wird und man das Tier aus der Hand füttern kann.

Erwarten Sie keine Zirkuskunststücke von Ihrem Reptil, eine Bartagame ist kein Schmusetier. Sie wird unter Umständen angelaufen kommen, wenn sie ihren Pfleger sieht und, sollte sie sehr zutraulich sein, auf die Hand krabbeln. Aber mehr ist nicht zu erwarten, sie ist und bleibt ein Wildtier.

Tipp

Die wirkliche Faszination liegt darin, die Bartagame zu beobachten, ihre Verhaltensweisen und die Art, wie sie mit Ihnen kommuniziert, kennenzulernen – und nicht in der Dressur.

Die Bartagame und andere Haustiere

Es sollte selbstverständlich sein, dass Bartagamen nicht mit anderen Tieren wie Meerschweinchen, Hunden oder Katzen zusammengebracht werden. Diese Tiere sind für eine Bartagame schon wegen ihrer Größe potenzielle Fressfeinde, das Zusammentreffen löst auf jeden Fall Stress aus. Auch kann es schnell zu Unfällen kommen.

Vermeiden Sie solche Zusammenkünfte, mag es noch so niedlich aussehen, wenn der Hund an der Bartagame schnüffelt. Versetzen Sie sich in die Situation der Bartagame, um dies besser zu verstehen.

Bartagamen in der Natur und im Terrarium

Möglichst genau zu wissen, wie Bartagamen in den Wüsten Australiens leben, ist die Grundlage für optimale Bedingungen im Terrarium. Hier erfahren Sie alles dazu.

Der natürliche Lebensraum der Bartagamen ist trocken. Er besteht aus Halbwüsten, Baumsteppen, Trockenwäldern und Steppen.

Gut zu wissen

In der Biologie sorgen verbesserte Methoden wie Gentests und neue wissenschaftliche Erkenntnisse auch in der Systematik für ständigen Wandel. So ist die folgende Klassifizierung nur vorübergehend gültig und wird durch wissenschaftliche Arbeit immer wieder überprüft und aktualisiert.

Bartagamen in natürlicher Umgebung

Australien, das durch seine frühen Trennung von anderen Kontinenten eine eigene, reiche Tierwelt besitzt, die nur dort lebt (endemisch ist), ist die Heimat der Bartagamen. Die Gattung *Pogona* kommt dort mit ihren acht Arten vor.

Systematik

Die biologische Systematik (systematikos: geordnet) beschreibt die Lebewesen in ihrer Vielfalt und fasst sie aufgrund ihrer definierten Merkmale in Gruppen (Taxa) zusammen. Diese Gruppen werden in einem hierarchischen System dargestellt, die Bartagamen beipielsweise so:

Stamm: Chordata (Chordatiere)
Unterstamm: Vertebrata (Wirbeltiere)
Klasse: Reptilia (Kriechtiere)
Ordnung: Squamata (Schuppenkriechtiere)
Unterordnung: Sauria (Echsen)
Zwischenordnung: Iguana (Leguanartige)
Familie: Agamidae (Agamen)
Gattung: *Pogona*
Art: z. B. *Pogona vitticeps*

Als oberste Stufe der Lebewesen ist die Domäne oder Organismengruppe definiert. Man unterscheidet die Domänen der Bacteria (Eubakterien), der Archaea (Archaebakterien, Einzeller ohne Zellkern) und die der Eukarya (Eukaryonten, ein- und mehrzellige Organismen mit Zellkern, wie Algen, Pilze, Pflanzen und Tiere).

Nur bei den Eukaryonten gibt es eine weitere Einteilung: das Regnum (Reich), das sich wieder untergliedert in Plantae (Pflanzen), Animalia (Tiere), Fungi (Pilze) und Protista (ein- bis wenigzellige Lebewesen). Die Stämme (Phylum) dienen der Zusammenfassung von Klassen, detailliert gruppiert in Stammgruppen und Unterstämme.

Die Bartagame im Tierreich

Zum Tierreich (Animalia) zählen die Stämme Urochordata oder Tunicata (Manteltierchen), Cephalochordata (Schädellose) und Vertebrata (Wirbeltiere). Die Klassen dienen der Zusammenfassung von Ordnungen mit Über- und Unterklassen. Dem Unterstamm Vertebrata (Wirbeltieren) werden die Landwirbeltiere zugeordnet, strukturiert in die Klassen Amphibia (Amphibien), Reptilia (Reptilien), Mammalia (Säugetiere) und Aves (Vögel).

Die Klasse der Reptilien besteht aus den Ordnungen Testudinata (Schildkröte), Crocodylia (Krokodile), Rhynchocephalia (Schnabelköpfe) und Squamata (Schuppenkriechtiere). Die Ordnung, in Über- und Unterordnung gegliedert, fasst die Familien zusammen, die Familien, in Über- und Unterfamilien gegliedert, fassen die Gattungen zusammen. Die Gattungen enthalten eine oder mehrere Arten.

Zur Familie der Agamen gehört anderem die Gattung *Pogona* (Bartagame), vor 1982 unter dem Gattungsnamen *Amphibolurus* geführt. Alle Arten innerhalb einer Gattung haben einen zweiteiligen Namen – die Gat-

Info

Die Namen der Familien enden in der Zoologie auf -idea (in der Botanik auf -aceae). Die Familie der Agamiidae (Agamen) zählen unter anderen zur Ordnung der Schuppenkriechtiere (Squamata).

tungs- und sie artspezifische Bezeichnung. Acht Arten der Gattung *Pogona* sind bekannt:

- *Pogona barbata* (Östliche Bartagame)
- *Pogona microlepidota* (Kleinschuppige Kimberley-Bartagame)
- *Pogona minor* (Westliche Bartagame, Kleinbärtige Agame, Zwerg-Bartagame)
- *Pogona minima* (Kleine Bartagame)
- *Pogona mitchelli* (Mitchells Bartagame)
- *Pogona nullarbor* (Nullarbor-Bartagame)
- *Pogona vitticeps* (Streifenköpfige oder Gewöhnliche Bartagame)
- *Pogona henrylawsoni* (Lawsons Zwerg-Bartagame, Schwarzerde-Bartagame oder Zwerg-Bartagame)

Unterarten (Subspezies) beschreiben geografisch begrenzte Population einer Art – beschrieben mit dem dritten Teil des wissenschaftlichen Namens. Die Art *Pogona minor minor* (Nominatform) wird mit zwei weiteren Unterarten *Pogona minor minima und Pogona minor mitchelli* beschrieben (Dahm, 2005).

Ihren Lebensraum teilt die Bartagame unter anderem auch mit anderen Echsenarten.

Bartagamen im Ursprungsland Australien

Das Verbreitungsgebiet dieser Echsen umfasst nahezu alle trockenen, felsigen Halbwüsten, Baumsteppen, Trockenwälder und Steppen. Nur in den feuchten Regionen Australiens findet man sie nicht.

Obwohl Bartagamen bodenbewohnend sind, können sie ausgezeichnet klettern und nutzen Baumstämme, ja sogar Telegrafenmasten und Zaunpfähle, um sich zu sonnen und ihr Revier zu überblicken. Mit zunehmender Körpertemperatur werden sie aktiver, wandern auf Futter- und Wassersuche in ihrem Territorium umher und verteidigen es, falls nötig. Nach der Winterruhe halten sie Ausschau nach einem Paarungspartner.

Nicht jeder Australienbesucher wird das Vergnügen haben, Bartagamen in ihrem natürlichen Habitat zu beobachten. Denn gut getarnt und mit ausgezeichneten Sehfähigkeiten ausgestattet, bemerken sie den Menschen, bevor sie von ihm entdeckt werden und verstecken sich dann auf der dem Betrachter abgewandten Seite von Bäumen oder Sträuchern. Für den ungeübten Tierbeobachter ist es wahrscheinlicher, diese Echsen auf der Straße anzutreffen, wo sie auf dem heißen Asphalt liegen, um sich zu wärmen. Oft genug wird ihnen dies zum Verhängnis.

Info

In der freien Natur sind Bartagamen ständig von Fressfeinden bedroht. Dabei hilft ihnen ihre Färbung und das stachelige Erscheinungsbild, beides lässt sie mit der Umgebung durch ein Auflösen der Konturen optisch fast verschmelzen.

Bedrohung durch den Tierhandel

Bartagamen sind wegen ihrer leichten Vermehrbarkeit seit 1994 von den Bestimmungen des deutschen neuen Artenschutzabkommens (BartSchV) ausgeschlossen. Das heißt, die Haltung wie auch die Nachzucht unterliegen keiner behördlichen Genehmigungspflicht mehr. Bei den außerhalb Australiens gepflegten Tieren handelt es sich ausschließlich um Nachzuchten.

Wildfänge aus dem Ursprungland sind nicht im Handel. Um die eigene Pflanzen- und Tierwelt effektiv zu schützen, hat die Regierung Australiens ein Gesetz erlassen, das Fang, Pflege und Ausfuhr jeglicher Tier- und Pflanzenarten ohne besondere Genehmigung unter Strafe stellt. Einige Bartagamenarten sind in ihrem natürlichen Habitat zwar sehr selten, doch vom Aussterben bedroht sind sie nicht.

Pogona barbata (CUVIER, 1829)

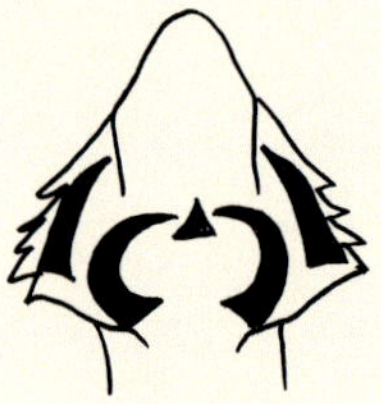

arttypische Bestachelung, Kopfoberseite

Trivialname: Östliche Bartagame
Gebiet: Ostküste Australiens
Größe: Gesamtlänge 55 bis 58 cm, Kopf-Rumpf-Länge (KRL) 25 cm
Beschreibung: *Pogona barbata* gehört zusammen mit *Pogona vitticeps* zu den größten Vertretern der Gattung. Der Kopf ist breit und dreieckig, mit besonders ausgeprägten Stachelschuppen, der Körper relativ abgeflacht, die Grundfärbung grau bis schwarz mit rautenförmigem Rückenmuster. Die Flanken sind mit vier Reihen Stachelschuppen besetzt. Der Bart wird mit Hilfe des Zungenbeinapparates aufgestellt und dient dem Männchen vor allem zum Drohen und Imponieren. Bei Wildtieren (KÖHLER, GRIESSHAMMER, SCHUSTER, 2004) ist die Innenseite des Mauls leuchtend orange oder gelb. Diese Färbung verliert sich aber bei den Nachzuchten. Vom Trommelfell bis zu den Augen verläuft ein dunkler Streifen, der Augenzügel.
Lebensweise: bodenbewohnend und tagaktiv, in Terrarienhaltung nicht so sanftmütig wie *P. vitticeps*
Haltungsbedingungen: Das Terrarium ist wie bei *Pogona vitticeps* zu gestalten, allerdings bevorzugt *Pogona barbata* eine etwas niedrigere Temperatur von etwa 20 °C und eine höhere Luftfeuchtigkeit von 70 %. Es werden 2 bis 3 Gelege mit 14 bis 26 Eiern abgesetzt (AMEY und WHITTIER, 2000).

Pogona microlepidota (GLAUERT, 1952)

arttypische Bestachelung, Kopfoberseite

Trivialname: Kleinschuppige Kimberley-Bartagame
Gebiet: lediglich in den nordwestlichen Kimberleys, Westaustralien (STORR, 1982)
Größe: Gesamtlänge bis 38 cm, KRL 18 cm
Beschreibung: Relativ langbeinige, mittelgroße Bartagame mit abgeflachtem Körper und kurzem, schmalen Kopf ohne vergrößerte Kehlschuppen. Das bedeutet, dass sie den Bart nicht wie *Pogona vitticeps* und *Pogona barbata* spreizen kann. Die Färbung ist graubraun bis gelbbraun mit blassgrauer Unterseite, der Schwanz ist dicht gebändert in graubraun.
Lebensweise: äußerst selten, daher keine weitere Angaben verfügbar
Haltungsbedingungen: Über die Pflege in Terrarien und den Bedingungen ist nichts bekannt.

Pogona barbata im Terrarium.

Pogona minor (STERNFELD, 1919)

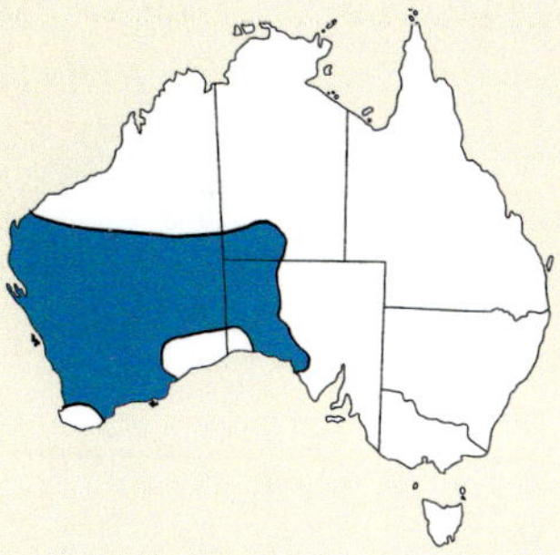

arttypische Bestachelung, Kopfoberseite

Trivialname: Westliche Bartagame, Kleinbärtige Agame, Zwerg-Bartagame
Gebiet: Westaustralien, Süden des Nordterritoriums, Südwesten von Südaustralien
Größe: Gesamtlänge bis 40 cm, KRL bis 14 cm
Beschreibung: Diese mittelgroße Bartagame ähnelt *Pogona barbata*, ist jedoch kleiner und schlanker, mit nur schwach entwickeltem Bart. Die Färbung ist hellgrau bis beige, im Sonnenschein gelblich, mit schwacher Rautenzeichnung. An den Flanken hat sie eine Reihe kleiner abstehender Stachelschuppen. Der Schwanz ist relativ lang, die Mundschleimhäute sind wie bei *Pogona barbata* leuchtend gelb.
Lebensweise: bewohnt den Boden und niedrige Vegetationen, klettert mitunter bis zu zwei Meter hoch, tagaktiv (DREWES, 2005)
Haltungsbedingungen: Es gibt keine Angaben hierzu, die Art wird sehr selten in Terrarien gepflegt.

Pogona minima (LOVERIDGE, 1933)

arttypische Bestachelung, Kopfoberseite

Trivialname: Kleine Bartagame
Gebiet: lediglich auf der Insel Houtman Abrolhos, Australien
Größe: Gesamtlänge bis 36 cm, KRL bis 13 cm
Beschreibung: Ähnelt sehr stark *Pogona minor,* ist klein und schlank, hell graubraun gefärbt mit Rautenmuster auf dem Rücken. Die Kleine Bartagame hat keine Kehlschuppen und kann daher den Bart nicht spreizen. Sie besitzt beidseitig des Schädels eine Reihe Stachelschuppen im Nacken, die parallel zur Wirbelsäule verlaufen. Der Schwanz ist leicht gebändert, die Mundschleimhaut ist gelb.
Lebensweise: tagaktiv, kann gut klettern
Haltungsbedingungen: Es ist keine Haltung dieser Art in Terrarien bekannt.

Pogona minima im natürlichen Biotop.

Pogona mitchelli (BADHAM, 1976)

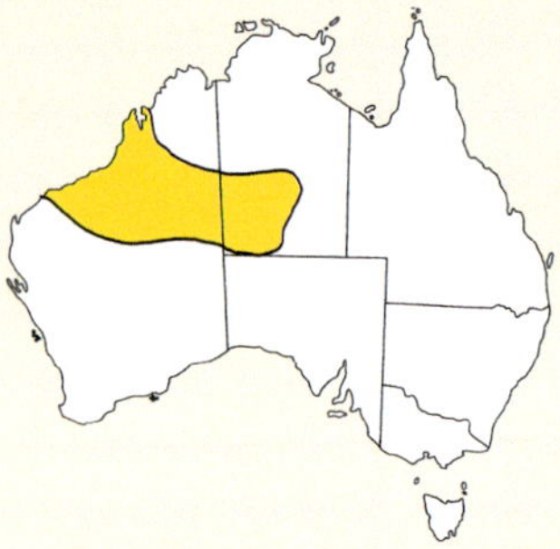

arttypische Bestachelung, Kopfoberseite

Trivialname: Mitchells Bartagame (entdeckt von Francis John Mitchell)
Gebiet: zentrale Northern Territories, nordwestlicher Westen Australiens
Größe: Gesamtlänge bis zu 37 cm, KRL bis 17 cm
Beschreibung: Mittelgroße Bartagame mit kräftigem, dreieckigen Kopf, kurzer Schnauze und starken Stacheln. Sie kann ihren Bart aufstellen. Die Färbung ist gelblich braun bis rötlich braun, ohne besondere Zeichnung.
Lebensweise: bodenbewohnend, tagaktiv, verbringt die heißen Sommermonate im Trockenschlaf
Haltungsbedingungen: Einige werden zutraulich, wie *Pogona vitticeps*, sind jedoch nicht so robust wie *P. vitticeps* und recht anfällig für Krankheiterreger. Es werden mehrere Gelege mit 6 bis 16 Eiern (im Durchschnitt 8) abgesetzt. Die Inkubationstemperatur beträgt 26 °C bis 28 °C, die Inkubationszeit 62 bis 73 Tage. Die Jungtiersterblichkeit ist sehr hoch, sie kann bei 30 bis 50 % liegen.

Pogona nullarbor (BADHAM, 1976)

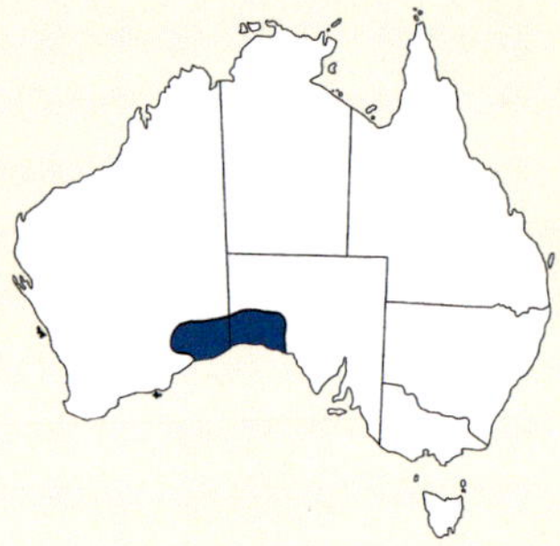

arttypische Bestachelung, Kopfoberseite

Trivialname: Nullarbor-Bartagame
Gebiet: südöstlicher Westen Australiens, westliches Südaustralien
Größe: Gesamtlänge bis 30 cm, KRL bis 15 cm
Beschreibung: Mittelgroße Echse mit schwach ausgebildetem Bart und flachem, stämmigen Köper. Sie besitzt keine besondere Kopfbestachelung. Die Färbung ist gelblich braun, graubraun oder rötlich braun mit auffälligen hellen Querbändern auf dem Rücken. Die Nullarbor-Bartagame erscheint vergleichsweise farbig. Lateral verlaufen sieben Reihen großer Stachelschuppen.
Lebensweise: tagaktiv, in sehr trockenen Gebieten, bodenbewohnend. Der Name nimmt Bezug auf den natürlichen Lebensraum: „null arbor" bedeutet „baumlos".
Haltungsbedingungen: Über eine Haltung dieser schönen Echsen in Terrarien gibt es kaum Informationen.

Pogona mitchelli aus der Zucht von Roland Pesch.

Pogona nullarbor.

Pogona vitticeps (Ahl, 1926)

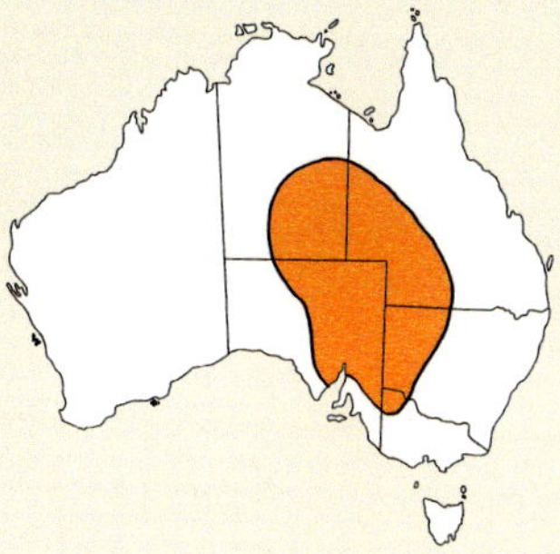

arttypische Bestachelung, Kopfoberseite

Trivialname: Streifenköpfige oder Gewöhnliche Bartagame
Gebiet: östliche Küsten- bis Trockengebiete Australiens
Größe: Gesamtlänge bis 55 cm, KRL bis 30 cm
Beschreibung: Der Artname bedeutet „gestreifter Kopf". Sie gehört zu den großen, kräftigen Bartagamen mit breitem, dreieckigem Kopf und abgeflachtem Körper. Sie kann den Bart schwarz färben und mit Hilfe des Zungenbeinapparates aufstellen, um zu drohen und zu imponieren, was sie auch häufig tut. Eine zusammenhängende Stachelreihe verläuft waagerecht auf dem Hinterkopf, je eine seitlich. Die Beine sind kurz und kräftig. Je nach Verbreitungsgebiet kommt sie in den Grundfarben Grau- und Gelbbraun bis Rostbraun vor.
Lebensweise: bodenbewohnend und tagaktiv.
Haltungsbedingungen: Siehe dazu in den einzelnen Kapiteln. Die häufig gepflegte Bartagame eignet sich auch für Anfänger. Sie ist robust und wird sehr zutraulich.

Pogona vitticeps ist die am häufigsten in Terrarien gehaltene Bartagame.

Pogona henrylawsoni (Wells/Wellington, 1985)

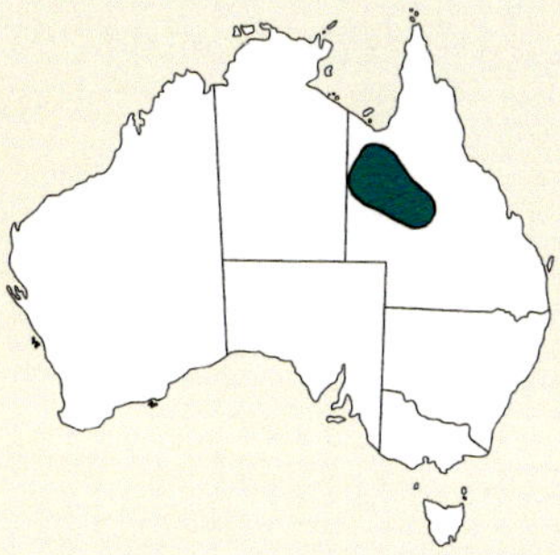

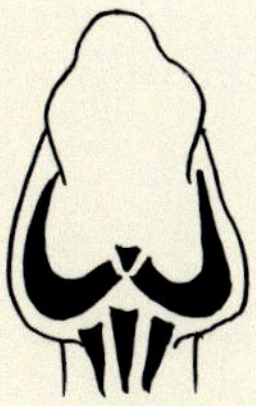

arttypische Bestachelung, Kopfoberseite

Trivialname: Lawsons Bartagame, Schwarzerde- oder Zwerg-Bartagame. Die Namensgebung war lange strittig, vor einiger Zeit wurde sie noch als *P. rankini* oder *P. brevis* bezeichnet
Gebiet: zentrales bis Westliches Queensland
Größe: Gesamtlänge bis 30 cm, KRL bis 13 cm
Beschreibung: Kleine Art mit rundlichem, wenig bestachelten Kopf und relativ kurzem Schwanz. Wenig ausgeprägter Bart. Die Grundfarbe ist hellgrau bis rotorange, mit unterschiedlichen Rückenmustern – von eckig bis oval. Seitlich verläuft eine Stachelreihe. Die Weibchen werden meist größer als die Männchen.
Lebensweise: bodenbewohnend, klettert selten, tagaktiv, in der Natur selten (Drewes 2005).
Haltungsbedingungen: Wie *P. vitticeps*, allerdings benötigt sie keine Kletteräste. Die Grundtemperatur liegt bei etwa 30 °C, im Winter unter 18 °C. Die Eiablage erfolgt nach etwa 30 Tagen, das Gelege umfasst 12 bis 19 Eier, mit ähnlichen Zeitigungsbedingungen wie *P. vitticeps*. Es werden zwei bis vier Gelege mit 8 bis 15 Eiern produziert. Die Inkubationszeit beträgt 50 bis 70 Tage bei 28 bis 30 °C.
Sehr häufig treten durch die massive Inzucht Gendefekte wie Rollschwanz oder Wirbelsäulenverkrümmung auf.

Pogona henrylawsoni.

Bartagamen im Terrarium

Da die meisten Arten der Gattung *Pogona* mit einer Gesamtlänge von rund 50 cm und einer Kopf-Rumpf-Länge von etwa 25 cm eher zu den großen Echsen gehören, brauchen sie auch ein entsprechend großes Terrarium. Das Bundesministerium für Ernährung, Landwirtschaft und Forsten (BMELF), Referat Tierschutz, hat ein Gutachten über die Mindestanforderungen an die Haltung von Reptilien erstellt.

Bei einer KRL des Tieres von 25 cm ergibt sich ein Maß von 125 cm (Länge), 100 cm (Breite), 75 cm (Höhe) für ein bis zwei ausgewachsene *Pogona vitticeps* oder *barbata*. Für jedes weitere Tier muss die Grundfläche um 15 % vergrößert werden. Hierbei handelt es sich um die Mindestgröße (!), besser sollte die Maxime gelten: Je größer, desto besser für das Wohlbefinden der Tiere.

Info

Die Berechnung der Mindestgröße für ein Terrarium ergibt sich aus der Kopf-Rumpf-Länge des Tieres, multipliziert mit den Faktoren 5 (Länge), 4 (Breite) und 3 (Höhe).

Darauf ist beim Kauf eines Terrariums zu achten

Um den Tieren eine artgerechte Haltung zu bieten, gilt für alle Bartagamenarten, das Terrarium unbedingt so groß wie nur möglich zu wählen. Führt man sich vor Augen, wie unendlich weit sich die Reviere der Bartagamen in ihrem natürlichen Lebensraum in der Australischen Steppe erstrecken, dann kann der Behälter gar nicht groß genug sein.

Da die errechnete Mindestgröße kein Standardmaß für handelsübliche Terrarien ist, empfiehlt sich eines mit den Grundmaßen 150 × 80 cm und einer Höhe von ebenfalls 80 cm. Die kleineren Arten wie *P. mitchelli* und *P. henrylawsoni* fühlen sich bereits in einem Behälter mit den Standardmaßen von 120 × 80 × 60 cm wohl.

Gut zu wissen

Verkaufsterrarien im Zoohandel sind von der Mindestgrößenregelung über Ausnahmeregelungen ausgenommen. So können diese Terrarien in Bezug auf die richtige Behältergröße nicht als Anhaltspunkt für die langfristige Haltung der Tiere gelten.

Das Terrarium mit seinen klimatischen Bedingungen sollte soweit wie möglich dem des natürlichen Lebensraums entsprechen.

Attraktiv gestaltetes, großes Terrarium, das sich in der Form sehr gut für Bartagamen eignet. Ausstellungsterrarium der Fa. Hoch, Waldkirch.

Im Handel gibt es vor allem Terrarien aus Glas. Sie haben gegenüber solchen aus anderen Materialien den Vorteil, dass sie lange attraktiv aussehen, sich gut reinigen und desinfizieren lassen und in vielen verschiedenen Größen erhältlich sind. Nachteile sind jedoch die Zerbrechlichkeit, schlechte Isolation und das enorme Gewicht, das auch die Terrariengröße beschränkt.

Da Bartagamen ein eher trockenes Umfeld brauchen, ist eine Bauweise aus Holz möglich. Es gibt auch Kunststoffterrarien und Behälter auf Aluminiumsteckbasis, die vor allem für den Transport praktisch sind. Handwerklich begabte Individualisten können ein Terrarium auch selbst bauen. Literatur dazu findet sich auf Seite 90.

Belüftung ist das A und O

Beim Selbstbau muss man besonders auf eine ausreichende Belüftung des Terrariums achten. Um einen Kamineffekt zu erzielen, sollten deshalb mindestens zwei sich gegenüber liegende Öffnungen vorhanden sein: eine an der Vorderseite unterhalb der Schiebetüren des Terrariums und eine an der oberen Abdeckung. Mit Lochblech oder Drahtgaze werden die Öffnungen abgedeckt, je nach Größe der Futtertiere, die nicht die Möglichkeit haben sollten, zu entweichen.

Bei schlechter Belüftung steigt das Risiko für Atemwegserkrankungen und Hautmykosen bei den Bartagamen. Deshalb ist es auch kritisch, ein Aquarium als Terrarium zu nutzen, darin kann es schnell zu Sauerstoffmangel oder Hitzestau kommen. Zudem müsste durch die allseits geschlossenen Wände die Pflege von oben geschehen, was den Tieren ständig den Angriff eines Feindes simulieren und sie in Stress versetzen würde.

Standort des Terrariums

Der Standort muss unbedingt den Bedürfnissen der Tiere entsprechen und hängt von den räumlichen Gegebenheiten des Halters ab. Durchgangsbereiche in der Wohnung sind ungeeignet, weil stressfördernd. Gleiches gilt für Räume, in denen geraucht wird, Plätze mit Zugluft oder zu intensiver Sonneneinstrahlung, was nicht kontrollierbare Temperaturschwankungen mit sich bringt.

An die Umwelt denken

Innenausstattungsgegenstände wie Äste oder Steine müssen nicht aus exotischen Gegenden stammen. Unbehandelte Rebstöcke und Steine aus heimischen Gefilden sind genauso dekorativ – und man kann sie selbst suchen.

Gut zu wissen

Weitere Stressfaktoren für die Agamen könnten hinzukommen, wenn das Terrarium zu niedrig platziert ist. Stehen mehrere Terrarien nebeneinander, ermöglicht dies den Tieren Blickkontakt mit vermeintlichen Kontrahenten.

Sehr schön ausgeleuchtete Sonnen- und Aussichtsplätze.

Gut zu wissen

In einem Haushalt mit kleinen Kindern ist ein Terrarienschloss unerlässlich, mit dem die Schiebescheiben verriegelt werden können.

Durch das hohe Gewicht des Terrariums sollte das Untergestell sehr stabil sein. Um bei einem Glasterrarium Spannungen zu vermeiden, muss die Fläche, auf der es stehen soll, absolut in der Waage und am besten mit einer Styroporplatte unterlegt sein, die im Übrigen auch wärmeisolierende Eigenschaften hat.

Temperatur und Luftfeuchtigkeit

Unerlässlich sind, je nach Terrariengröße, mindestens zwei Thermometer, um das Temperaturgefälle zu kontrollieren. Eines sollte am wärmsten Platz, das andere an einem kühleren installiert sein. Zudem ist ein Hydrometer zur Überprüfung der Luftfeuchtigkeit nötig, die tagsüber zwischen 30 und 40 % und nachts um 60 % betragen sollte. Meist ergibt sich dies durch das Abschalten der Wärme abstrahlenden Lampen von selbst. Die Beleuchtungsdauer regelt man mit einer oder zwei Zeitschaltuhren. Je nach Anzahl der Lichtquellen empfiehlt sich zur Temperatursteuerung ein Thermostat.

Gestaltung der Rückwand

Gut zu wissen

Die Rückwände sollten fest auf die Terrarienrückwand montiert werden und gut mit Silikon abgedichtet sein, um Futtertieren keine Unterschlupfmöglichkeit zu bieten.

Die meisten Bartagamen, obwohl grundsätzlich bodenbewohnend, klettern auch ganz gerne. Eine Rückwand mit Felsvorsprüngen und Galerien bietet die Möglichkeit, die Aktivitätsfläche der Tiere zu vergrößern. Davon abgesehen wirken darin eingearbeitete Pflanztröge sehr attraktiv. Nervöse Bartagamen nehmen gern die Verstecke an und sind dankbar, wenn auch die Seitenwände verkleidet sind.

Es gibt viele Varianten der Rückwandgestaltung, von Fertigware bis zu Marke Eigenbau des begabten Bastlers. Es ist lohnend, sich in der Literatur und bei anderen Terrarianern Ideen und Tipps zu holen.

Oben links: An der rauen Oberfläche der Korkverkleidung kann die Bartagame auch klettern und ihre Krallen abarbeiten.

Oben rechts: Die sandfarbene Rückwand wurde aus Styropor gestaltet.

Fotorückwände

Fotorückwände sehen durchaus attraktiv aus, haben aber den Nachteil, dass die Tiere keinen Halt an der glatten Glasoberfläche finden und somit keine Möglichkeit haben, die Rückwand als Bewegungsraum zu nutzen. Allerdings geht durch Fotowände auch keine Grundfläche verloren, was durchaus bei weniger kletterfreudigen Exemplaren als Vorteil zu werten ist.

Rückwände aus Kork

Eine Rückwand aus gepresstem Kork, den es in Baumärkten gibt, sieht sehr natürlich aus. Allerdings hat sie wieder den Nachteil, dass die Tiere die Rückwand nicht als Raum nutzen können, denn der Kork ist nur wenige Millimeter dick. Interessanter für diesen Zweck sind gewalzte Korkplatten, die mit einem Teppichmesser durch Ausfräsen zusätzlich gestaltet werden können. An der rauen Korkplatte können die Bartagamen gut klettern.

Strukturrückwände

Ideal sind Strukturrückwände mit gestalterischen Elementen wie Felsvorsprüngen oder Galerien, die auch noch zusätzliche Sonnen- und Aussichtsplätze schaffen und damit den Bedürfnissen der Tiere entgegenkommen. Im Handel kaum erhältlich oder sehr teuer, können Sie hier selbst Hand anlegen und aus Styroporplatten oder mit PU-Schaum nach Wunsch eine felsige Rückwand gestalten.

Styropor kann mit einem scharfen Messer oder einem heißen Draht geschnitten werden, PU-Schaum wird einfach auf eine Holz- oder Kunststoffplatte aufgesprüht. Um eine gewisse Stabilität herzustellen, müssen die Rückwandkonstruktionen entweder mit Fliesenkleber, dem schon Dispersionsfarbe beigemischt werden kann, eingepinselt oder mit in Leim getauchten Fetzen aus Schleiernessel beklebt werden. Auf den feuchten Untergrund wird noch eine Schicht Sand gestreut, um einen steinigen Effekt zu erzielen und den Tieren Halt zu geben.

Info

Unbedenklich sind nur Korkelemente, die nicht geklebt wurden, da sonst Lösungsmittel ausgasen können (Herstellerinformation beachten), die für die Tiere gesundheitsschädlich sind.

Sicherheitshinweis

Lediglich ungiftige, lösungsmittelfreie Farben und Klebstoffe sollten verwendet werden. Alles muss gut durchgetrocknet sein und ausgegast haben, bevor die Rückwand im Terrarium installiert wird.

Links: In „Desert Bedding“ (Lucky Reptile), einem Bodengrund mit hohen Lehmanteil, können Bartagamen wie in freier Natur Höhlen anlegen. Die Variante „Desert Bedding Outback“ hat eine, dem Boden Australiens ähnliche rote Farbe.

Rechts: Die Pellets aus Hanf eignen sich bestens als Bodengrund für Bartagamen.

Nach dem Trockenvorgang, der einige Tage dauert, kann die Rückwand mit Dispersionsfarbe in verschiedenen Naturtönen gestrichen werden. Ein Anstrich mit Epoxydharz macht die Rückwand unempfindlich gegen Feuchtigkeit und gibt den scharfen Krallen der Tiere keine Möglichkeit mehr, sie zu zerstören.

Gut zu wissen

Die Praxis zeigt, dass die Tiere beim Fressen sehr häufig Bodensubstrat mit aufnehmen. Es darf also keine scharfen Kanten haben, die beim Verschlucken Verletzungen hervorrufen könnten. Buchenspäne, in der Schlangenhaltung optimal, können dagegen bei Bartagamen sogar zu Darmverschluss führen.

Bodengrund

Da Bartagamen in sandigen, eher trockenen Gebieten zu Hause sind, bietet es sich an, einen Bodengrund aus diesem Material zu verwenden. Es gibt speziell für die Bedürfnisse der Bartagamen entwickelte Substrate wie das „Desert Bedding“.

Auch feines Rindensubstrat ist als Bodengrund zu empfehlen und die Erfahrungen mit Pellets aus Hanfpflanzenmaterial sind sehr gut (Reptile Cannabis Bedding, Lucky Reptile). Sie quellen mit Flüssigkeit auf und ergeben ein lockeres Substrat – ideal für trocken lebende Reptilien.

Das können Sie für die Umwelt tun

Verbrauchtes pflanzliches Bodensubstrat ist fast immer kompostierbar – also besser auf den eigenen Kompost oder in die Biotonne geben. Nur wenn die Bartagamen Endoparasiten haben, sollten Sie vorsichtshalber darauf verzichten und es im Restmüll entsorgen.

Beleuchtung

Neulinge unter den Terrarianern werden leicht durch die Tatsache erschreckt, dass dieses Hobby allerlei an Technik verlangt. Eine umfangreiche Beratung in den Zoohandlungen ist oft innerhalb eines normalen Verkaufsgesprächs nicht möglich und die Informationen im Internet oder der Literatur können irreführend sein.

Grundsätzlich gilt gerade für Bartagamen, die in ihrem natürlichen Habitat einer extremen Helligkeit ausgesetzt sind, dass auch das Terrarium so hell wie möglich sein sollte, damit sich die Tiere wohlfühlen.

Bartagame, die ein Sonnenbad nimmt.

Selbst mit größtem technischen Aufwand wird es allerdings nur schwer möglich sein, die Helligkeit der australischen Steppe von 100 000 Lux (lx) zu imitieren. Mit normaler Beleuchtung kann nicht einmal 1/10 dieser Intensität erreicht werden. Trotz relativ hoher Kosten für eine hochwertige Beleuchtung kann auf diese aber nicht verzichtet werden, denn ein Beleuchtungsdefizit wirkt sich äußerst ungünstig auf den Allgemeinzustand der Tiere aus. Sie entwickeln nicht ihre volle Farbenpracht und schränken ihre Aktivität ein.

Sicherheit bei der Beleuchtung

- Befolgen Sie die Herstellerempfehlungen genauestens, besonders die Sicherheitshinweise!
- Bringen Sie alle Teile, die Strom führen oder heiß werden können, so an, dass die Tiere nicht damit in Berührung kommen!
- Bei Strahlern über 60 W ist ein Keramikgewinde unerlässlich.
- Abstände von der Lichtquelle zum Tier müssen eingehalten werden.

Lichtzusammensetzung

Sie sollte dem natürlichen Sonnenlicht möglichst nahe kommen. Dabei ist auf die Farbtemperatur, gemessen in Grad Kelvin (K) und die Farbwiedergabe, gemessen in Ra, zu achten. Der Kelvinwert des Tageslichts liegt zwischen 4 500 und 6 500 K und der Ra-Wert sollte möglichst hoch sein, denn je höher, desto natürlicher ist die Farbwiedergabe. Werte über 90 Ra sind als hervorragend anzusehen. Dies ist allerdings nur mit Leuchtstofflampen

Gut zu wissen

Versuche mit Leuchtmitteln von gleichem Typ und Wattstärke, aber unterschiedlichen Farbtemperaturen (Jürgen Hoch, pers. Mitt.) haben gezeigt, dass

- die meisten Wüstenbewohner, auch Bartagamen, Lampen mit 6000 K den wärmeren mit 4000 und 3000 K vorzogen.
- baumbewohnende Echsen, vor allem solche aus tropischen Regionen, zu dem wärmeren Licht der 4000 und 3000 K Lampen tendierten, wobei 4000 K deutlich bevorzugt wurde.

zu erreichen, wobei Leuchtmittel unter 70 Ra möglichst nicht eingesetzt werden sollten.

Gut zu wissen

Die Beleuchtungsdauer liegt zwischen 12 und 14 Stunden. Sonnenauf- und -untergang können durch das aufeinanderfolgende Ein- oder Ausschalten mehrerer Leuchten über Zeitschaltuhren grob simuliert werden. Dies ist auf jeden Fall besser als alle Leuchtmittel abrupt ein- oder auszuschalten.

Wärmeentwicklung und Belüftung

Gerade bei Wüsten- und Steppentieren kann es zum größten Problem werden, die für sie nötige Lichtintensität zu schaffen. Die volle Luxzahl des natürlichen Lichts der Tropen ist in einem Terrarium praktisch nicht zu erreichen, zudem entwickeln starke Lichtquellen physikalisch bedingt – bis auf wenige Ausnahmen – sehr viel Wärme.

Dies bedeutet, dass zusätzlich für ausreichende Belüftung zu sorgen ist. Ideal sind hierfür Terrarienabdeckungen mit Drahtgazeeinsatz, denn diese Konstruktion erleichtert das Anbringen von Strahlern auch außerhalb des Terrariums, wo sie vor den Aktivitäten der Tiere geschützt sind. Bei Terrarien mit Glasabdeckung muss die Konstruktion an Deckenleisten entlang ins Innere des Terrariums verlegt werden. Durch Reflektoren kann, je nach Bauart des Terrariums, die Lichtausbeute um bis zu 100 % gesteigert werden.

UV-Bestrahlung

Gut zu wissen

Für die tagaktive Bartagame sind vor allem UV-A-Strahlen für die Pigmentbildung und Regeneration der Haut (Häutung) von Bedeutung. UV-B-Strahlen bewirken die lichtabhängige Aktivierung des Vitamin-D-Kalzium-Einbau-Systems und haben positive Wirkung auf den Phosphat-Stoffwechsel und Kreislauf.

Die Ultraviolettstrahlung ist eine elektromagnetische Strahlung, mit Wellenlängen außerhalb des für uns sichtbaren Lichts. Einige Reptilien können es aber wahrnehmen. Ultraviolettstrahlung wird eingeteilt in

UV-A, Wellenlängen von 315 bis 380 nm,
UV-B, Wellenlängen von 280 bis 315 nm und
UV-C, Wellenlängen von 100 bis 280 nm.

Während UV-C-Strahlung durch ihren Energiereichtum und ihre Kurzwelligkeit für Organismen schädlich ist und unbedingt gemieden werden muss, sind UV-A- und UV-B-Strahlung günstig für Reptilien. Sie sollten ihnen auf jeden Fall zur Verfügung stehen.

Die Tiere nehmen mit dem Futter inaktive Vitamin-D-Vorstufen auf. Die Spaltung dieser Vorstufen in biologisch aktive Vitamin-D-Formen erfolgt nur unter Einfluss des in der Sonnenbestrahlung enthaltenen UV-Lichts. Das Fehlen kann zu irreparablen Schäden wie Rachitis oder Osteomalazie (Knochenweiche) führen. Zudem steigert UV-Licht die Aktivität der Tiere und regt die Fortpflanzung an. Um einem Mangel vorzubeugen, ist eine Bestrahlung mit UV-Licht unerlässlich.

Sowohl Schädlichkeit als auch Wirksamkeit von UV-B-Strahlen für die Vitamin D3-Synthese liegen in einem engen Bereich des UVB-Spektrums und können außerhalb dieser Bereiche verstärkt sein. Die Bildung von Vitamin D3 findet hauptsächlich bei Wellenlängen von 290–305 nm statt

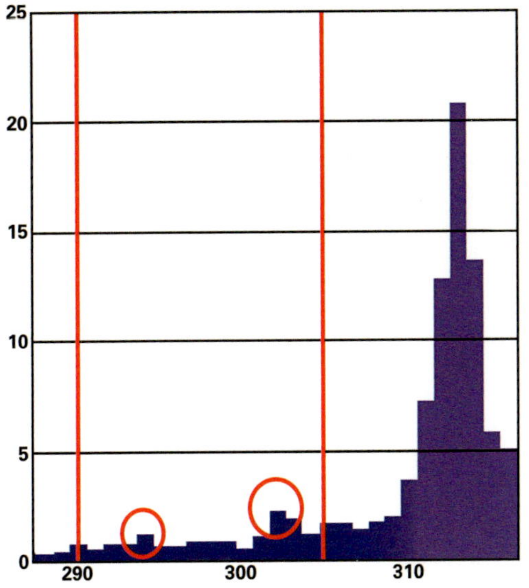

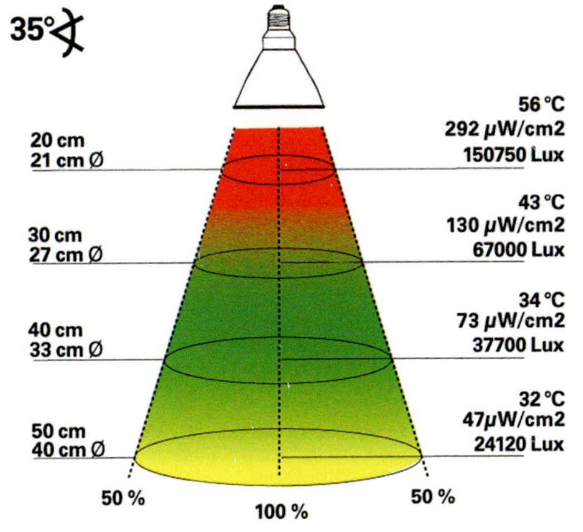

Oben links: Für Bartagamen günstiges UV-B-Spektrum der „Bright Sun Desert 70“ Halogen-Metalldampflampe von Lucky Reptile

Oben rechts: Abstände und Temperaturen im Strahlungsbereich der „Bright Sun Desert 70“.

(Lindgren et al. 2008). Das Optimum liegt bei 295 nm, hier wird etwa 10-mal so viel Vitamin D3 gebildet wie bei 310 nm. Wegen der schädlichen Wirkung kurzwelliger Strahlen sollte bei den Strahlern möglichst wenig davon in diesem Bereich vorhanden sein.

Es gibt unterschiedliche UV-Lampentypen, die sich teilweise erheblich in Funktion und UV-Leistung unterscheiden. Je nach Lampenart ist auf den Abstand zum Tier, die Bestrahlungsdauer und die Montageart zu achten. Im Folgenden werden einige Lampentypen vorgestellt, die sich für die Verwendung bei Bartagamen eignen.

Halogen-Metalldampflampen

Für die Terraristik sind Halogen-Metalldampflampen besonders deswegen interessant, weil ihr Licht dem natürlichen Sonnenlicht am nächsten kommt. Aber auch sie können die Lichtintensität von 100 000 Lux, die in der Natur vorhanden ist, nicht erzielen. Aber gerade diese ist für Wüstenbewohner besonders wichtig und beeinflusst Aktivität und Färbung der Tiere.

Gut zu wissen

Eine Überdosierung kann auch bei tagaktiven Reptilien zu Haut- und Augenschäden führen. Es muss sichergestellt sein, dass die Leuchtmittel gefahrlos verwendet werden können.

„Bright Sun UV Desert 50“, eine Halogen-Metalldampflampe (Lucky Reptile), die alle Bedürfnisse der Bartagamen an Licht und Wärme erfüllt.

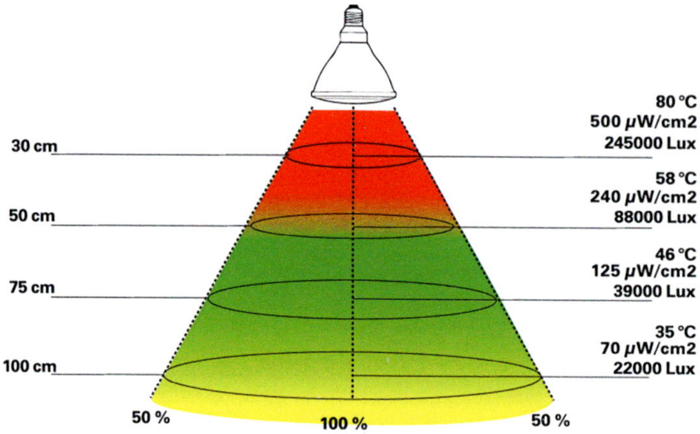

Abstände und Temperaturen im Strahlungsbereich der Bright Sun Desert 150 Halogen-Metalldampflampe von Lucky Reptile.

Gut zu wissen

Die Lampen können über 6 000 Stunden Lebensdauer erreichen. Lichtleistung und UV-Strahlung verringern sich dabei kontinuierlich und betragen nach 2000 Betriebsstunden noch 50 %. Um die Tiere optimal mit UV-Strahlen zu versorgen, wird daher ein Austausch nach sechs Monaten empfohlen.

Die meisten Mischlichtstrahler auf dem Markt erreichen mit 160 W bei einem Abstand von 30 cm gerade einmal um die 10 000 Lux, die Bright Sun Desert der Firma Lucky Reptile schafft hingegen 60 000 Lux mit 70 W. Trotz der bescheidenen Wattzahl bietet sie eine gute UV- und Wärmeleistung, also eine hohe Energieeffizienz, denn ein großer Teil wird in hellweißes Licht umgewandelt, das dem der Wüste sehr ähnlich ist. Eine solche Lampe bietet also alles, was die Bartagame so braucht: UV-Strahlung, Wärme und sehr viel helles Licht!

Diese Lampe kann gut in kleineren Terrarien, besonders auch Aufzuchtterrarien verwendet werden, denn dank verschiedener Modelle und unterschiedlichen Reflektorenformen ist sie sehr flexibel. Für den Betrieb sind allerdings ein Vorschaltgerät und geeignete Kabel mit Porzellanfassungen nötig. Ein durchdachtes Plug-and-Play-System vereinfacht die Installation.

Eine weitere Alternative ist die Bright Sun FLOOD, die für eine großflächige Ausleuchtung des Terrariums mit UV-A- und UV-B-Strahlung sorgt. Durch einen 60°-Reflektor wird das Licht weitflächig gestreut, allerdings sind auch hier für die Anordnung lokaler Sonnen- und Wärmepunkte Ergänzungen in der Lichtbeschaffenheit nötig.

Leuchtstoffröhren

Zusammen mit Halogen-Meltalldampflampen gehören Leuchtstofflampen zu den energieeffizientesten Leuchtmitteln und sie sind in einer Vielzahl verschiedener Farbtemperaturen, auch mit UV-Anteil, erhältlich. Generell gibt es viele verschiedene Bauformen, in der Terraristik sind Leuchtstoffröhren und Energiesparlampen mit E27-Fassung verbreitet.

Leuchtstoffröhren gibt es in unterschiedlichen Längen, Watt-Stärken und Farbzusammensetzungen. Im Zoofachhandel sind T8-Röhren weit verbreitet, von denen es Tageslichtröhren und spezielle UV-Röhren für Reptilien gibt. Sie sollten in keinem Terrarium fehlen, denn sie sorgen für die nötige Grundhelligkeit. Dazu empfiehlt sich eine Kombination mit Strahlern, um Wärme- und Sonneninseln zu schaffen.

Grundbeleuchtung

Sie wird in den meisten Terrarien durch Leuchtstoffröhren sichergestellt, da sie eine hohe Lichtausbeute, lange Lebensdauer und geringen Stromverbrauch haben.

Mit moderner Technik auf dem Markt sind sogenannte T5-Röhren mit 16 mm Durchmesser, die es in zwei Ausführungen gibt: HE (High Efficiency) und HO (High Output). High Efficiency T5-Röhren bieten die gleiche Lichtleistung wie herkömmliche, gleich lange T8-Röhren, haben aber eine niedrigere Wattstärke und dadurch einen geringeren Stromverbrauch. Sie brauchen weniger Platz und bieten eine deutlich höhere Leistung als die T8-Technik. Doch auch bei ihnen lassen Lichtleistung und -qualität mit der Zeit nach. Die Röhren sollten nach rund einem Jahr ersetzt werden.

Bei tagaktiven Reptilien wie der Bartagame ist bei der Grundbeleuchtung eine hohe Lichtintensität und ein sonnenlichtähnliches Spektrum wichtig. Die Daylight Sun T5 (Lucky Reptile) erzielt eine um 40 % höhere Lichtintensität als vergleichbare T8-Röhren. Außerdem können, um die Lichtausbeute zu maximieren, auf gleicher Fläche mehrere der schlanken Röhren installiert werden.

UV-Quellen

Leuchtstoffröhren mit UV-Strahlen sind für Bartagamen wenig empfehlenswert, da ihre Reichweite nur bei etwa 30 cm liegt. Besser eignen sich die mittlerweile auf dem Markt verbreiteten UV-Energiesparlampen mit E27-Fassung. Die Technik ist nahezu mit der von Röhren identisch, durch die kompakte Bauweise wird aber mit etwa 50 cm eine bessere Reichweite und eine höhere UV-Leistung erzielt.

Generell ist etwas Vorsicht mit den Herstellerangaben geboten. Viele werben mit Prozentangaben, die über die eigentliche Leistungsfähigkeit der Lampe nichts aussagen. Im Allgemeinen ist die UV-Leistung der Lampen aber ausreichend. Man sollte vor allem auch auf ein möglichst natürliches Spektrum achten, viele UV-Lampen wirken sehr bläulich.

Zur Gruppe der UV-Mischlichtstrahler zählt vor allem der Pionier in der Terraristik: die Osram Vitalux. Sie bietet Licht, Wärme und UV-Strahlung. Doch mit 300 W ist sie sehr leistungsstark, das heißt, die Tiere sollten nur kontrolliert und für eine kurze Dauer bestrahlt werden, um Überdosierungen zu verhindern. In der Regel ist eine tägliche Bestrahlung von 30 bis 60 min bei mindestens 60 cm Abstand von der Lampe empfehlenswert, wobei die Tiere Rückzugsmöglichkeiten haben müssen.

Auch andere Hersteller bieten vergleichbare UV-Strahler an, die zum Teil für den Ganztagesbetrieb geeignet sind. Die meisten sind Spotstrahler (erkennbar an einer klaren Frontscheibe). Sie bündeln Licht und UV-Strahlung auf einen kleinen Punkt, wodurch sie auch über große Abstände eine sehr hohe UV-Leistung bringen. Leider machen wenige Hersteller Angaben zu den technischen Daten, obwohl die UV-Leistung oft über der der Vitalux liegt. Daher empfiehlt es sich, die Lampe, genau wie die Osram Vitalux nur kontrolliert und zeitlich begrenzt einzusetzen.

Gut zu wissen

Die kompakten E27-UV-Energiesparlampen geben wenig Wärme ab und eignen sich so für praktisch jedes Terrarium. Gepaart mit einem Spotstrahler lassen sich Sonnenpunkte schaffen, an denen die Tiere Wärme und UV-Strahlung tanken können.

Gut zu wissen

Im Prinzip bieten Mischlicht-UV-Strahler alles: Licht, Wärme und UV-Strahlung, allerdings geben sie weniger Wärme ab als Spotstrahler und auch weniger Licht als Halogen-Meltalldampf- oder Leuchtstofflampen. Als alleinige Leuchtmittel sind sie deshalb nicht geeignet.

Links: Compact UV-sun 15 Watt

Rechts: Die Osram Vitalux ist nicht für den Dauerbetrieb geeignet.

Das können Sie für die Umwelt tun

Bevor Sie bei zu viel Abwärme lichtstarker Lampen auf Ventilatoren ausweichen, die auch Strom verbrauchen, setzen Sie lieber auf energieeffiziente, lichtintensive Lampen mit weniger Abwärme.

Für die meisten Anwendungen sind Flutlichtstrahler besser geeignet, in der Regel erkennbar an einem Milchglas oder zum Teil auch einer geriffelter Frontscheibe. Sie verteilen Licht und UV-Strahlung über eine größere Fläche. Die Ausleuchtung wird besser, die UV-Belastung geringer und die Tiere können ihren Bedarf besser steuern. Diese Lampen sind meist für einen Ganztagsbetrieb gut geeignet.

UV-Mischlichtstrahler haben auch Nachteile: ein stolzer Anschaffungspreis, hoher Stromverbrauch. Durch erhebliche Qualitätsunterschiede halten die guten – und teureren – Lampen bei Ganztagsbetrieb zwölf Monate, vielen billigeren Modellen geht schon nach drei bis sechs Monaten das Licht aus. Generell sollten auch hier die Lampen nach spätestens zwölf Monaten ausgetauscht werden, weil sie dann kaum noch UV-Strahlung abgeben.

Terrarium mit sehr schön ausgestatteter und beleuchteter Steingalerie, die Reptilien zum Aufwärmen und Besucher zum Beobachten einladen. Schauterrarium der Fa. Hoch, Waldkirch.

Spots

Sie dienen der Simulation von Sonne und haben vor allem die Aufgabe, Wärmeinseln zu schaffen, die Bartagamen brauchen, um ihre Körperfunktionen auf die richtige Betriebstemperatur zu bringen. Normale Spotstrahler eignen sich dafür, effektiver sind Halogenspots, weil sie mehr Licht erzeugen als normale Glühfadenmodelle und sich so eine beträchtliche Menge Strom sparen lässt. UV-Mischlichtstrahler liefern Wärme, sind jedoch weniger wirksam als Halogenstrahler und auch sie verbrauchen viel Energie.

Gut zu wissen

Bartagamen benötigen im Terrarium ein Temperaturgefälle zwischen 25 °C und 45 °C. Sinnvoll ist es, mit mehreren, unterschiedlich starken Wärmestrahlern zu arbeiten, um verschieden warme Punkte anzubieten. Unter dem wärmsten Spotstrahler kann die Temperatur durchaus bei 45 °C liegen.

- Der Gebrauch von Infrarotstrahlern ist nicht anzuraten, da die Tiere Wärme mit Licht assoziieren, das Infrarot zwar Wärme, aber kein Licht der lebensnotwendigen Wellenlängen abgibt.
- Rückzugsmöglichkeiten und Schattenplätze müssen vorhanden sein!

Heizung

Ein Großteil der für Bartagamen erforderlichen Wärme kommt über die Beleuchtung zustande, sodass eine zusätzliche Beheizung des Terrariums oft nicht notwendig ist. Reicht sie nicht aus, kann man mit Heizungen wie Heizkabeln oder Matten arbeiten.

Allerdings ist eine Bodenheizung bei Bartagamen, wie bei den meisten Reptilien eher ungünstig. In der Natur kommt die Wärme von oben und die Tiere versuchen im Boden durch Graben eher kühlere Bereiche zu erreichen. Bei einer Bodenheizung wäre dies aussichtslos. So eignet sich eine Heizung an den Seiten oder im Deckel des Terrariums zum Beispiel mit Folienheizmatten besser.

Heizsteine können eine gute Alternative sein. Sie sind vor allem dann nützlich, wenn die Wärmestrahler wegen der Höhe des Terrariums den Boden nicht ausreichend erwärmen. Die Steine sollten vom Wärmestrahler angestrahlt werden, denn die Tiere assoziieren Licht mit Wärme. Ohne eine Lichtquelle würden sie den Stein nicht unbedingt als Wärmequelle identifizieren.

Ist eine Bodenheizung nicht zu umgehen, sollte sie maximal ein Drittel des Bodens bedecken. Es darf kein Hitzestau entstehen. Diese Art der Heizung hat Konsequenzen, was das Material des Bodengrundes betrifft. Viele Materialien wie Buchenspäne – als Bodengrund für Bartagamen ohnehin nicht geeignet – oder Rindeneinstreu wirken wärmedämmend. Außerdem besteht Brandgefahr.

Trotz Heizung oder gerade deswegen sollten die Tiere kühle Rückzugsplätze zur Verfügung haben. Das Gefälle der Lufttemperatur im Terrarium beträgt idealerweise zwischen 25 °C und 40 °C. Über einen Thermostaten lassen sich die Temperaturen optimal einstellen, Überhitzung vermeiden und bei einem entsprechenden Gerät auch eine automatische Nachtabsenkung programmieren.

Hinweis

Die Heizmittel müssen unbedingt vor Kontakt mit den Tieren geschützt werden, um Beschädigungen zu verhindern. Sie können beispielsweise mit Bodenfliesen abgedeckt werden, die die Wärme gut verteilen.

Wichtig

Es ist dringend darauf zu achten, dass es nicht zur Überhitzung des angestrahlten Steins kommt.

Wasser

Im Terrarium muss eine Wasserstelle, etwa eine Schale aus Steingut oder anderem schweren Material, vorhanden sein (siehe auch Seite 59 – Flüssigkeitsaufnahme). Da einige Bartagamen gerne baden, ja sogar tauchen – nicht nur, wenn sie sich häuten – sollte die Wasserstelle so groß sein, dass sich ein Tier hineinlegen, aber nicht darin ertrinken kann. Auch ein plätschernder Brunnen oder Wasserfall sind zugleich schöne gestalterische

Ein Wasserbecken animiert die Bartagame zu einem ausgiebigen Bad.

Elemente. Außerdem erleichtert die bewegte Oberfläche den Tieren das Finden des Wassers.

Das Wasser muss täglich gewechselt und der Behälter gereinigt werden, denn manchmal entleeren die Tiere ihren Darm darin. Auch Verschmutzungen durch Bodensubstrat und Futter sind nicht selten.

Gestalterische Elemente

Selbstverständlich soll die Dekoration den Bedürfnissen des gepflegten Tieres und soweit wie möglich den Gegebenheiten des natürlichen Lebensraumes entsprechen. Bartagamen lieben vor allem Aussichts- und Sonnenplätze. Große, kräftige und raue Äste werden so platziert, dass die Spotlampen in entsprechendem Sicherheitsabstand darüber hängen.

Höhlen aus Korkeichenrinde oder Steinen, gerade groß genug, dass die Tiere hineinpassen, sollten angeboten werden. Höhlen bieten ihnen Schutz und sind ein idealer Schattenplatz, wenn sie zu überhitzen drohen.

Steinaufbauten müssen gut miteinander und dem Boden verbunden sein, etwa durch Silikonkleber oder Zement, um Unfälle durch Untergraben zu verhindern. Besonders gut für Aufbauten geeignet ist Pagodengestein, das

Gut zu wissen

Zum Säubern aller Teile im Terrarium darf niemals Reinigungsmittel verwendet werden. Heißes Wasser und ein eigens für die Tiere reserviertes Schwämmchen genügen meist völlig, es sei denn, aus medizinischen Gründen muss desinfiziert werden.

Gut zu wissen

Der Standplatz der Höhle soll so gewählt werden, dass die Tiere bei der Flucht vor einem dominanten Tier nicht nur in die Höhle hinein, sondern durch einen Notausgang auch wieder heraus können.

Der Wasserfall mit Auffangbecken ist nicht nur eine attraktive Dekoration, er dient auch als Trinkbehälter und Badewanne.

eine sehr schöne Struktur hat und sich durch seine Stufigkeit attraktiv gestalten lässt.

Bepflanzung

Ein wichtiger Aspekt ist die Bepflanzung des Terrariums. Vorab sei aber erwähnt, dass Bartagamen alles anfressen, was grün ist. Also ist auch bei Kunstpflanzen Vorsicht geboten. Sie sollten extrem robust oder für die Tiere unerreichbar sein.

Besser ist es allerdings, man akzeptiert den Appetit der Bartagamen auf frisches Grün und bietet Kräuter aus biologischem Anbau und Pflanzen an, die wie etwa Kapuzinerkresse, Bambus, Golliwoog (Hängendes Schönpolster) oder Zyperngras durchaus als Nahrung dienen können. Die Pflanzen, die im natürlichen Habitat der Bartagamen vorkommen wie das Spinifex-Gras, gibt es im Handel kaum.

Selbstverständlich muss man darauf achten, dass das Terrarium nicht mit giftigen Pflanzen bestückt wird (siehe Tabelle Seite 41). Auch wenn die Ansicht herrscht, Tiere könnten aufgrund ihres Instinkts giftige von ungiftigen Pflanzen unterscheiden, so sei hier doch angemerkt, dass dies vielleicht für ihr natürliches Habitat gilt, möglicherweise aber nicht für Pflanzen, die einer anderen Gegend entstammen. Also besser vorsichtig sein und auch stachlige, herbizid- oder düngerbelastete Pflanzen meiden, die den Tieren schaden könnten.

Tipp

Damit der Bodengrund nicht durchnässt, setzen Sie die ausgewählten Pflanzen besser im Topf ins Terrarium. Dies erleichtert auch den Austausch, denn die Grünpflanzen brauchen sicherlich alle paar Wochen eine Erholungspause.

Oben links: Die Kapuzinerkresse ist eine dekorative Pflanze, mit auch für Bartagamen essbaren Blättern und Blüten.

Oben rechts: Der Zimmerbambus verträgt das Klima im Terrarium sehr gut und hat eine echte Chance, den Wettlauf mit dem Hunger der Bartagamen zu gewinnen.

Geeignete Pflanzen

- Kapuzinerkresse (*Tropaeolum majus*)
- Zimmerbambus (*Pogonatherum paniceum*)
- Golliwoog (Kriechendes Schönpolster, *Callisia repens*)
- Frauenhaarfarn (*Adiantum*) ist im Gegensatz zu anderen Farnarten ungiftig
- Rosettendickblatt (*Aeonium arboreum*)
- Schiefteller (*Achimenes longiflora*)
- Schusterpalme (*Asplenium nidus*)
- Geldbaum (*Crassula*)
- Hauswurz (*Echeveria*)
- Pfeilwurz (*Maranta leuconeura*)
- Kussmäulchen (*Nemantanthus*)
- Harfenstrauch (*Plectranthus fruticosus*)
- Rose von Jericho (*Selaginella lepidophylla*)

Ungeeignete Pflanzen

- Yuccapalmen
- *Aloe vera*
- Elefantenfuß (*Beaucarnea recurvata*)
- Agaven
- Bogenhanf (*Sansevieria trifasciata*)
- Philodendron
- Schachtelhalm (*Equisetum arvense* oder *palustre*)
- Efeutute (*Epipremnum pinnatum*)
- Efeu (Hedera-Arten)
- Gummibaum (Ficus-Arten)
- Drachenbaum (*Dracaena marginata*)

Die ungeeigneten Pflanzen enthalten toxische Substanzen und können somit Unverträglichkeiten hervorrufen, auch wenn sie in anderer Literatur oft empfohlen werden. Es ist wahrscheinlich, dass die meisten Bartagamen diese Pflanzen ihrer Konsistenz wegen nicht anknabbern, doch ausschließen kann man es nicht.

Mehr Infos und Fotos der Pflanzen dazu finden Sie in dem Buch: Busch, Pflanzen für Heimtiere, Verlag Eugen Ulmer

Giftige Pflanzen in der Übersicht

Deutscher Name (K = in Kultur)	Wissenschaftlicher Name	toxische Pflanzenteile
Afrikanische Lilie (K)	*Agapanthus*	Laub, Knollen
Ackergauchheil	*Anagallis arvensis*	Blätter, Blüten, Früchte
Ackerwicke	*Vicia sattiva*	Hülsen, Samen
Akelei	*Aquilegia*	Blätter, Blüten, Samen
Aloe (K)	*Aloe africana*	Laub der Sukkulenten
Alpenheckenkirsche	*Lonicera alpigena*	alle Teile
Alpennelke	*Dianthus alpinus*	Frucht, Laub
Alpenrose, Azalea, Azalee	*Rhododendron*	Blüten, Laub
Alpenveilchen	*Cyclamen*	Blüten, Laub, Stengel
Amaryllis (K)	*Amaryllis*	Zwiebel, Stengel, Blütenteile
Anemone	*Anemone*	Blätter, Blüten
Apfelbaum	*Malus*	Samen in zerriebenem Zustand
Aprikose, siehe auch Kirsch/Mandel	*Prunus armeniaca*	Laub, innerer Samenkern
Balsamine, Springkraut (K)	*Impatiens*	alle Teile
Bartnelke / eingebürgert	*Dianthus barbatus*	Frucht, Laub
Begonie, Schiefblatt (K)	*Begonia*	Laub, Knollen, Blüten
Berglorbeerrose (K)	*Kalmia latifolia*	junge Triebe und Blätter, Nektar
Betelnusspalme (K)	*Areca catachu*	alle Teile
Bilsenkraut	*Hyoscyamus niger*	alle Teile
Birkenfeige (K)	*Ficus benjamina*	Blätter, Pflanzensaft (Latex)
Blutwurz (K)	*Sanguinaria*	Alle Teile
Bogenhanf (K)	*Sansevieria*	alle Teile
Buchsbaum	*Buxus*	Laub, Zweige
Christophskraut	*Actaea spicata*	Laub, Früchte
Christusdorn (K)	*Euphorbia milii*	alle Teile
Dieffenbachie (K)	*Dieffenachia*	Blätter
Distel	*Carduus*	Laub, Blütenteile
Drachenbaum (K)	*Dracaena*	alle Teile
Efeu	*Hedera*	alle Teile
Efeutute (K)	*Epipremnum*	alle Teile
Eibe	*Taxus*	alle Teile
Eiche	*Quercua*	junge Triebe und Blätter, Eicheln
Eisenhut	*Aconitum*	Blüten, Blätter, Samen, Wurzeln
Eisenkraut	*Verbena officinalis*	Blüten, Laub
Engelstrompete (K)	*Datura suaveolens*	alle Teile
Feigenbaum (K)	*Ficus*	Blätter, Pflanzensaft (Latex)
Fensterblatt	*Philodendron pertusum* (syn. *Monstera deliciosa*)	alle Teile
Feuerdorn	*Pyracantha coccinea*	Blätter, Früchte

Giftige Pflanzen in der Übersicht

Deutscher Name (K = in Kultur)	Wissenschaftlicher Name	toxische Pflanzenteile
Feuerkolben (K)	*Arisaema*	Wurzeln
Feuerlilie	*Lilium bulbiferum*	Blüten, Laub, Samen
Fingerhut	*Digitalis*	Beeren und andere Teile
Fleckenschierling (K)	*Conium maculatum*	Laub, Samen
Fliegenpilz	*Amanita muscaria*	alle Teile
Flockenblume	*Centaurea*	Blüten, Laub
Frauenschuh	*Cypripedium*	Blätter, Blüten
Gartenbalsamine (K)	*Impatiens balsamina*	alle Teile
Gartenfuchsschwanz (K)	*Amaranthus*	Blüten, Samen
Gartennelken (K)	*Dianthus caryophyllus*	Frucht, Laub
Gartenverbenen	*Verbena-Hybriden*	Blüten, Laub
Geigenfeige (K)	*Ficus lyranta*	Blätter, Pflanzensaft (Latex)
Geißklee	*Cytisus*	Blätter, Blüten, Samen
Gemeiner Stechapfel (K)	*Datura stramonium*	alle Teile
Giftefeu/Giftsumach (K)	*Toxicodendron*	Blätter, Früchte, Pflanzensaft
Glyzine (K)	*Wisteria*	Laub, Hülsen, Samen
Goldregen	*Laburnum anagyroides*	Blätter, Blüten, Hülsen, Samen
Götterbaum	*Ailanthus altissima*	Laub, Blüten
Gummibaum (K)	*Ficus elasticus*	Blätter, Pflanzensaft (Latex)
Hahnenfuß	*Ranunculus*	alle Teile
Hartriegel	*Cornus*	Frucht
Heckenkirsche/Geißblatt	*Lonicera*	alle Teile
Herbstzeitlose	*Colchicum autumnale*	Knollen
Holunder	*Sambucus*	Blätter, Rinde, Schösslinge
Hortensie (K)	*Hydrangea*	alle Teile
Hyazinthe	*Hyacinthus*	Blätter, Blüten, Zwiebeln
Jakobs-Kreuzkraut	*Senecio jacobaea*	alle Teile
Jasmin	*Jasminum*	Blüten, Blütensaft, Blätter
Jelängerjelieber	*Lonicera caprifolium*	alle Teile
Jungfernrebe (K)	*Parthenocissus*	Blätter, Samen
Kaladie (K)	*Caladium*	alle Teile
Kartoffel (K)	*Solanum tuberosum*	Sprösslinge
Kermesbeere (verwildert)	*Phytholacca americana*	Früchte, Wurzeln
Kirsche	*Prunus*	innerer Samenkern
Kletterfeige (K)	*Ficus pumila*	Blätter, Pflanzensaft (Latex)
Klimme (K)	*Cissus*	alle Teile
Korallenstrauch (K)	*Solanum pseudocapsicum*	Laub
Kornblume	*Centaurea cyanus*	alle Teile
Kreuzkraut	*Senecio doria*	alle Teile

Giftige Pflanzen in der Übersicht

Deutscher Name (K = in Kultur)	Wissenschaftlicher Name	toxische Pflanzenteile
Krokus	*Crocus*	Zwiebel
Krotonölbaum (K)	*Croton tiglium*	Laub, Schösslinge
Lampionblume	*Physalis*	alle Teile
Leinkraut	*Linaria*	Blätter
Liguster	*Ligustrum*	Beeren, Laub
Lilie (viele Arten durch Kultur oder Kreuzung entstanden)	*Lilium*	verschiedene Teile
Lobelie (K)	*Lobelia dortmanna*	alle Teile
Lorbeer	*Laurus*	Beeren
Lorbeer-Kirsche	*Prunus laurecerasus*	Blätter, Früchte
Lorbeerrose (K)	*Kalmia angustifolia*	Blätter, Nektar, Sprossen
Löwenmaul (K)	*Antirrhinum*	Blätter, Blüten
Lupine (K)	*Lupinus*	Blätter, Hülsen, Samen
Maiapfel (K)	*Podophyllum*	Früchte
Maiglöckchen	*Convallaria majalis*	Blätter, Blüten, Stängel
Mandel (K)	*Prunus amygdalus*	Früchte, Kerne
Margerite	*Chrysanthemum*	Blätter, Blüten
Mistel	*Viscum album*	Beeren, Laub
Mohrenhirse	*Sorghum halepense*	alle Teile
Nachtschatten (K) /auch Kartoffel	*Solanum*	Beeren
Narzisse	*Narcissus*	Blüten, Laub, Zwiebeln
Nelken	*Dianthus*	Frucht, Laub
Oleander (K)	*Nerium oleander*	Blätter, Blüten, Stängel
Osterglocke	*Narcissus pseudonarcissus*	Blüten, Laub, Zwiebeln
Palmlilie (K)	*Yucca*	Blättern, Blüten
Paradiesvogelblume (K)	*Strelitzia*	Laub, Blüten, Samen
Pastinak	*Pastinaca sativa*	Blätter, Wurzeln
Pfirsich (K)	*Prunus persica*	Kerne
Pflaume	*Prunus domestica*	unreife Früchte, Kerne
Philodendron (K)	*Philodendron*	alle Teile
Platterbse	*Lathyrus*	Samen, Stängel
Prunkwinde (K)	*Ipomoea*	Blätter, Blüten, Früchte
Rhododendron (über 1000 Arten) (K)	*Rhododendron*	Blätter, Blüten, Früchte
Rittersporn (K)	*Delphinium*	Blüten, Knollen, Laub, Samen
Robinie	*Robinia*	Rinde, Sprösslinge, Laub
Rosmarin (K)	*Rosmarinus*	Blätter einiger Arten
Rosskastanie	*Aesculus*	Nüsse, Sprösslinge
Rühr mich nicht an (K)	*Impatiens noli-tangere*	alle Teile
Salbei	*Salvia*	Blätter einiger Arten

Giftige Pflanzen in der Übersicht

Deutscher Name (K = in Kultur)	Wissenschaftlicher Name	toxische Pflanzenteile
Sandnelke	*Dianthus arenarius*	Frucht, Laub
Saubohne	*Vicia faba*	Hülsen, Samen
Schachtelhalm	*Equisetum*	Blüten
Schefflera (K)	*Schefflera*	alle Teile
Schlafmohn	*Papaver somniferum*	alle Teile, auch getrocknet
Schöllkraut	*Chelidonium*	alle Teile
Schwertlilie	*Iris*	Blätter, Blüten, Wurzeln, Zwiebeln
Seidenpflanze (K)	*Asclepias*	Blätter
Sonnentau	*Drosera*	Blätter
Spitzkiel	*Oxytropis*	alle Teile
Stechpalme	*Ilex*	Blätter, Beeren
Stern von Bethlehem	*Ornithogalum umbellatum*	Blätter, Blüten
Tabak (K)	*Nicotiana*	alle Teile
Taro (K)	*Colocasia*	Blätter
Tomate (K)	*Lycopersicon*	Blätter, unreife Früchte
Tragant	*Astragalus*	alle Teile
Tränendes Herz (K)	*Dicentra spectabilis*	Blätter, Blüten, Samen
Trompetenblume (K)	*Campsis*	alle Teile
Tulpenbaum (K)	*Liriodendron*	Blätter, Blüten, Knollen
Türkenbundlilie (K)	*Lilium martagon*	Blüten, Samen
Veilchen	*Viola*	alle Teile
Venus Fliegenfalle (K)	*Dionaea*	Blätter, Trichterblüten
Verbene	*Verbena*	Blüten, Laub
Vogelwicke	*Vicia cracca*	Hülsen, Samen
Wacholder	*Juniperus*	verschiedene Pflanzenteile
Waldlilie (K)	*Trillium*	Blätter
Wandelröschen (K)	*Lantana*	Beeren, Blätter, Blüten
Wasser-Kreuzkraut	*Senecio aquaticus*	alle Teile
Wasserschierling	*Cicuta virosa*	alle Teile
Weihnachtskaktus (K)	*Schlumbergera*	alle Teile
Weihnachtsstern (K)	*Euphorbia pulcherrima*	alle Teile
Wicken	*Vicia*	Hülsen, Samen
Wicklinse	*Vicia articulata*	Hülsen, Samen
Wiesenflockenblume	*Centaurea jacea*	alle Teile
Wolfsmilch	*Euphorbia*	alle Teile
Wunderbaum (K)	*Ricinus*	Samen
Wunderblume (K)	*Mirabilis*	alle Teile
Zimmerkalla (K)	*Zantedeschia aethiopica*	alle Teile
Zitterwicke	*Vicia hirsuta*	Hülsen, Samen

Hygiene im Terrarium

Es ist nötig, das Terrarium täglich von allen Futterresten und Ausscheidungen zu reinigen. Die Bartagamen besitzen keinen Eigengeruch, ihre Exkremente sehr wohl. So bleibt es nicht verborgen, wenn sich noch ein Häufchen im Terrarium versteckt hat. Sie werden bald die Stellen kennen, die Ihre Tiere als Toilette bevorzugen. Einige setzen ihren Kot besonders gerne in der Wasserschale ab, andere eher an versteckten Stellen. Wieder andere verunreinigen das Futter, wahrscheinlich, um Mitgliedern der Gruppe eine Mitteilung zu machen. Es könnte ein Dominanzsignal oder eine Reviermarkierung sein, denn kaum werden die Tiere einzeln gesetzt, hören sie damit auf.

Reinigung

Wasser- und Futternäpfe sollten nur mit heißem Wasser und ohne Putzmittel, mit einem eigens dafür reservierten Schwamm gereinigt werden. Das Wasser muss täglich ausgewechselt werden, auch wenn es nicht verunreinigt erscheint. Die Scheiben eines Glasterrariums lassen sich leicht ohne Putzmittel mit einem Mikrofasertuch säubern.

Sinnvoll ist es, das gesamte Terrarium ein bis zweimal im Jahr mit heißem Wasser zu reinigen und das Bodensubstrat komplett auszutauschen. Auch sämtliche Dekorations- und Einrichtungsgegenstände sollten mit heißem Wasser und einer Bürste gründlich abgeschrubbt werden. Es sollte für Sie auch zur Selbstverständlichkeit werden, nach jedem Umgang mit den Tieren oder Terrariengegenständen die Hände gründlich zu waschen, auch wenn die Tiere gesund sind.

Gut zu wissen

Um infektiöse Keime nicht zu verschleppen, sollten Näpfe, Wasserschalen, Pinzetten, Schwämme und Schäufelchen immer nur für ein und dasselbe Terrarium verwendet werden.

Hinweis

Eine Desinfektion ist nur nötig, wenn ein Krankheitsfall vorliegt. Als Desinfektionsmittel eignet sich eine 70 %ige Ethanol-Lösung, die rückstandfrei verdunstet.

Freilandaufenthalt

Da Bartagamen die Sonne lieben, werden sie von Freilandaufenthalten an schönen, sonnigen Sommertagen begeistert sein. Die ungewohnten Gerüche und die ungefilterte Sonneneinstrahlung sorgen für ihr Wohlbefinden und schon nach kurzer Zeit verhalten sich einige Exemplare wie Wildfänge.

Allerdings sollten die Tiere vor Unfällen, zu hoher oder zu tiefer Temperatur und Witterungsumschlägen geschützt werden. Das Außengehege muss ausbruchsicher sein, das heißt, es darf keine Möglichkeit bestehen, es zu untergraben und es muss auch so gesichert sein, dass potenzielle Feinde wie

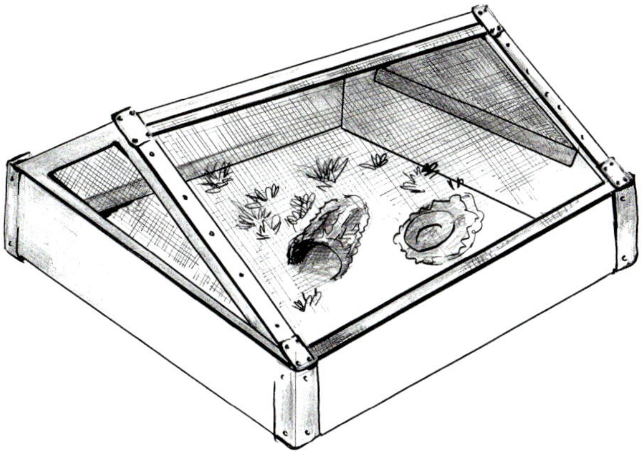

Ein- und ausbruchssicheres Freigehege mit Wasserschale und Schattenplatz.

Gut zu wissen

Von dem Vorhaben, die Bartagamen unter Aufsicht frei im Garten laufen zu lassen, ist abzuraten. Unterschätzen Sie nicht die Geschwindigkeit, mit der die von der Sonne aufgeheizten Tiere teilweise nur auf den Hinterbeinen wie die Kragenechsen, davon spurten können!

Greifvögel, Krähen, Ratten, Katzen oder vor allem Marder als die wahren Einbruchspezialisten keine Zugriffsmöglichkeit auf die Bartagamen haben.

Im Gehege sollten ein ausreichend großer Wassernapf, Unterschlupfmöglichkeiten für den Fall von Witterungsumschlägen und schattige Plätze zur Verfügung stehen, wobei der Lauf der Sonne zu beachten ist. Bei einem gut gesicherten Gehege ist ein ganztägiger Aufenthalt möglich, an sehr warmen Tagen auch ein nächtlicher.

Als Freiluftgehege eignen sich, wenn man keine handwerklichen Fähigkeiten besitzt, auch Kaninchenkäfige für den Außenbereich oder andere feinmaschige Käfige mit möglichst großer Bodenfläche. Aquarien sind nicht als Außenterrarium zu empfehlen, weil sich das Glas zu schnell erhitzt und es keine ausreichende Belüftungsmöglichkeit gibt.

Auch wenn Sie nur einen kleinen Balkon ohne Platz für ein Außengehege haben, sollten Sie versuchen, den Tieren in einem Aufzuchtbehälter oder Ähnlichem gelegentlich ein Sonnenbad von ein oder zwei Stunden zu ermöglichen. Doch auch hier nur unter den oben genannten Maßnahmen, um den Bartagamen den Aufenthalt so sicher und angenehm wie möglich zu machen.

Winterruhe

Gut zu wissen

Es dürfen nur Tiere überwintert werden, die nicht in der Häutungsphase sind. Auch Jungtiere in gutem Gesundheitszustand können überwintern, dies ist jedoch noch nicht zwingend.

Die klimatischen Verhältnisse im Ursprungsland der Bartagamen sind ebenfalls saisonalen Schwankungen unterworfen. So sollte man diese auch im Terrarium imitieren, denn die alljährlich wiederkehrenden, natürlichen Klimaschwankungen setzen biologische Signale. So beginnt etwa vier Wochen nach der Ruhezeit die Balz mit darauf folgender Paarung. Für die Fortpflanzung und das Gelingen einer Zucht ist also eine Ruhepause unverzichtbar.

Die Winterruhe ist nicht zu verwechseln mit dem Winterschlaf, einem Zustand, bei dem gleichwarme Säugetiere ihren Kreislauf auf ein niedriges Niveau drosseln und in eine Art Tiefschlaf fallen. In der Winterruhe dagegen bewegen sich die Tiere, wachen ab und zu auf, wechseln die Schlafposition oder trinken. Einige Reptilien, darunter auch *Pogona mitchelli* halten wegen der lebensfeindlichen Situation in ihrem natürlichen Biotop während der Trockenzeit einen Sommerschlaf.

Vor der Winterruhe sollte die Bartagame gewogen werden und falls sie nicht richtig fit erscheint, auch nochmals zur Kontrolle während der Ruhezeit.

Checkliste

Vor der Winterruhe:
Nur gesunde Tiere dürfen überwintert werden. Machen Sie den Wintercheckup, wenn die Tiere ihre Aktivitäten verringern:
- Damit Verdauungsreste nicht im Darm gären, kann eine Entleerung durch ein handwarmes Bad provoziert werden. Einige Bartagamen baden von sich aus und setzen dabei spontan Kot ab.
- Eine Kotprobe klärt ab, ob Endoparasiten ausgeschlossen werden können oder behandelt werden muss. Befall würde die Tiere schwächen.
- Der Befall von Ektoparasiten (Milben und Zecken) sollte ausgeschlossen werden.
- Die Bartgamen sollten jetzt gewogen werden, um bei Bedarf das Gewicht während der Winterruhe überprüfen zu können. Sind die Tiere gesund, nehmen sie in der Zeit sehr wenig ab. Nur die Fettreserve im oberen Teil des Schwanzes schrumpft kaum merklich.

Während der Winterruhe:
- Bieten Sie immer frisches Wasser an. Platzieren Sie die Wasserschale so, dass die Tiere beim Wasseraustausch in ihrer Ruhe nicht gestört werden.
- Wird die Bartagame während der Ruhepause etwa zum Wiegen in die Hand genommen, sollte sie die Augen öffnen.
- Die Kloake darf nicht verschmutzt sein.
- Um ein Austrocknen der Tiere zu vermeiden, sollte man gelegentlich im Abstand von einigen Tagen die Luftfeuchtigkeit durch Sprühen etwas erhöhen.

Ein- und Auswintern Schritt-für-Schritt

Im Spätherbst zeigen die meisten Tiere verminderte Aktivität und nehmen weniger Futter auf, die ersten Anzeichen beginnender Winterruhe.

Das heißt für Sie:
- Über einen Zeitraum von zwei Wochen die Beleuchtung reduzieren, beginnend mit den Spotstrahlern, stufenweise und je nach Standort des Terrariums, abhängig von den übrigen, im Raum befindlichen Lichtquellen, bis sie schließlich ganz ausgeschaltet wird.
- Auch die Heizung, falls vorhanden, kontinuierlich reduzieren oder je nach Standort ganz ausschalten. Die ideale Temperatur für die Ruhepause liegt bei Zimmertemperatur zwischen 18 °C und 20 °C, darf aber keinesfalls über einen längeren Zeitraum 15 °C und kurzfristig 10 °C unterschreiten.

Die Bartagamen ziehen sich dann zurück und suchen Verstecke auf. Einige fangen an zu graben, andere verlassen einfach ihren Lieblingsplatz nicht mehr. Sie sollten in dieser Zeit möglichst wenig Wärme von unten bekommen, da sie sonst austrocknen könnten.

Der Schwanz einer Bartagame mit einem Fettpolster an der Schwanzwurzel, das in der Winterruhe leicht schrumpft.

Länge der Winterruhe

Die Tiere überstehen diese Zeit problemlos ohne Futter und kommen nur ab und zu zum Trinken hervor. Die Ruhephase sollte mindestens sechs Wochen dauern, besser aber acht bis zehn Wochen. Letztendlich bestimmen aber die Tiere meist selbst, wann sie ihre Ruhepause beenden wollen. Meist zeigen sich zuerst die Männchen wieder. Manche wachen langsam auf, andere sind sofort voller Energie. Tiere, die überwintert haben, sind aktiver und weniger anfällig für Infektionskrankheiten.

Nun kehren Sie den Vorgang von Licht- und Heizungsreduktion um, bis die vollen Werte wieder erreicht sind. Zuletzt schalten Sie die Spotstrahler wieder ein.

Der Fortpflanzungsdrang kann erhöht werden, indem man Männchen und Weibchen getrennt überwintert. Nach dieser Zeit wieder zusammengesetzt, steht einer erfolgreichen Zucht nichts im Wege.

Gut zu wissen

Nach der Winterruhe wird die Rangordnung innerhalb einer Gruppe von Tieren neu bestimmt und behält dann bis zur nächsten Winterruhe ihre Gültigkeit.

Speiseplan der Bartagamen

Bartagamen warten meist als Ansitzjäger auf Beute oder nehmen, was ihnen an Pflanzlichem vor der Nase wächst. Hier finden Sie alles über die beste Art der Ernährung Ihrer Tiere.

Tierisches Futter gehört zur ausgeglichenen Fütterung der Bartagamen.

Ausgewogene Ernährung

Gut zu wissen

Auch den Jungtieren muss schon pflanzliche Kost, entsprechend klein geschnitten, angeboten werden, weil sie sonst später nicht mehr daran gewöhnt werden können.

Bartagamen sind sogenannte omnivore Reptilien, das heißt, sie nehmen sowohl pflanzliches als auch tierisches Futter zu sich. Die Jungtiere ernähren sich durch ihren erhöhten Eiweißbedarf zum Großteil von Lebendtieren, während die adulten Exemplare hauptsächlich pflanzliche Kost fressen.

Den Pflanzenverweigerern sollte man konsequent Grünfutter anbieten und Lebendfutter über einige Tage verwehren, damit sich ein gewisser Hunger einstellt. Manchmal hilft diese Diät.

Es ist in unseren Breiten nicht möglich, das breit gefächerte Nahrungsangebot zu offerieren, das Bartagamen in der Natur vorfinden, deshalb sollte immer für Abwechslung gesorgt werden. Die beste Fütterungszeit ist der Vormittag, so bleibt den Tieren tagsüber ausreichend Zeit zum Fressen und Verdauen.

Das Interesse der Tiere am Futter kann variieren, je nach Vorlieben, Alter und Tagesform. An manchen Tagen verschlingen sie unglaubliche Mengen, an anderen Tagen lehnen sie jedes Futter ab. Sofern keine pathologischen Gründe vorliegen, ist dies ein völlig normales Verhalten.

Tierische Nahrung

Gut zu wissen

Die Futtertiere vermehren sich im Terrarium sehr rasch und da sie nachtaktiv sind, werden sie von den Bartagamen kaum mehr entdeckt und gefressen. Es kann sogar der umgekehrte Fall eintreten, nämlich dass die Heimchen die Terrariumbewohner anknabbern und zur Plage werden.

Info

Die Bartagamen sollten gut genährt, aber nicht dick erscheinen. Ein bis zwei Fastentage pro Woche schaden den Tieren nicht und Sie können ab und zu einen Wochenendausflug planen.

Auf dem Speiseplan von ausgewachsenen Bartagamen stehen lediglich einmal im Monat einige Futterinsekten und täglich vegetarische Kost. Da die Tiere in freier Wildbahn nie wissen, wann ihnen das nächste Futter begegnet, fressen sie so viel sie bekommen können.

Die Lebendfuttermenge im Terrarium muss dosiert werden, denn durch eine zu eiweißreiche oder fette Ernährung besteht die Gefahr, dass die Tiere an einer Nierengicht oder Fettleber erkranken. Hier handelt es sich um „Zivilisationskrankheiten", denn sie kommen bei Bartagamen in der Natur nicht vor.

Exakte Mengenangaben zum tierischen Futter sind jedoch kaum möglich, anzuraten ist aber eher weniger als mehr: drei bis vier Insekten in entsprechender Größe pro Fütterung und Tier sollten ausreichen.

Futtertiere können Sie ins Terrarium setzen oder mit der Pinzette verfüttern. Bei Heimchen, die gerne einmal ausbrechen, kann es sinnvoll sein, die Bartagame in ein Behältnis zu den Futtertieren zu setzen.

Als tierisches Futter eignen sich für Bartagamen die im Fachhandel erhältlichen Futterinsekten wie Heimchen, Grillen, Wanderheuschrecken oder Schaben. Wachsmottenlaven und Mehlwürmer sollten wegen ihres hohen Fettgehalts nur selten verfüttert werden. Es gibt im Handel noch einige andere Insekten zu kaufen, allerdings sollte bei diesen zuvor geklärt werden, ob sie sich für Bartagamen eignen.

Grillen und Heimchen

Grillen und Heimchen mit einem Fettanteil von 5,5 % eignen sich hervorragend als Futtertiere. Sie werden in unterschiedlichen Größen angeboten und stehen so Jungtieren und ausgewachsenen Bartagamen zur Verfügung.

Diese Insekten sind geübte Ausbruchskünstler und können in der Wohnung zum Problem werden, weil sie sich dort vermehren. Allen von Zirpgeräuschen geplagten Terrarienbesitzern kann eine mit Hundeflocken gefüllte Schneckenfalle (JBL LimCollect Schneckenfalle) helfen, diese Plagegeister wieder giftfrei zu entfernen.

Wanderheuschrecken

Wanderheuschrecken besitzen einen hohen Nährwert. Sie zeigen ein extremes Fluchtverhalten, was sie zu einem beliebten Jagdobjekt für Bartagamen macht. Diese Jagd ist für die Tiere eine willkommene Abwechslung und fördert zudem die Kreislaufaktivität. Vorteilhaft ist, dass Wanderheuschrecken andere Ansprüche an ihre Umgebung haben und sich entkommene Tiere in der Wohnung nicht fortpflanzen.

Schaben

Die im Handel angebotenen Arten sind etwas größer und behäbiger als die ortsansässigen Schabenarten, die man nicht fangen und verfüttern sollte, weil sie oft mit Insektiziden belastet sind. Durch das lange Generationsintervall und die für die Argentinische Waldschabe, Totenkopfschabe, Grüne Schabe und Riesenschabe ungünstigen Bedingungen im Haus werden entkommene Exemplare kaum zur Plage. Bei den heimischen, vermehrungsfreudigen Arten hilft allerdings in solchen Fällen nur noch der Kammerjäger.

Die Futtertiere aufwerten

Futtertiere aus dem Handel waren oft tagelang ohne Nahrung. Bevor sie verfüttert werden, sollten sie erst hochwertig mit Hundeflocken, Blättern oder Obst und Gemüse ernährt werden. So bekommen die Bartagamen keine leeren Chitinhüllen, sondern gut gefüllte Futtertiere zu Fressen.

Oben links: Diese Delikatesse hätten sich wohl beide Bartagamen gerne geschnappt.

Oben rechts: Ob Grillen, Heimchen oder Wanderheuschrecken, die tierische Kost sollte für die Bartagamen das sein, was der Schweinebraten für den Menschen ist, lecker, aber selten auf dem Speiseplan.

Unten links: Es sollte darauf geachtet werden, dass das Futtertier nicht größer als das Bartagamenmaul breit ist.

Unten rechts: Der Futterneid kann bei einer Gruppe von Bartagamen so groß sein, dass sie sich die Futtertiere gegenseitig aus dem Maul klauen, wobei es bei aggressiven Tieren sogar zu Verletzungen kommen kann.

Wachsmottenlarven
Die Larven der Wachsmotten und auch die fertig entwickelten Motten werden von Bartagamen gerne gefressen. Allerdings sind sie mit einem Fettgehalt von 19 % sehr reichhaltig und sollten nur selten oder an unterernährte Tiere gefüttert werden, nicht jedoch an Jungtiere.

Mehlwürmer
Mehlwürmer besitzen eine schwer verdauliche Chitinhülle, die bei Bartagamen zu Verstopfung führen kann. Außerdem sind sie mit 15 % sehr fetthaltig und ihr Kalzium-Phosphor-Verhältnis ist ungünstig. Daher sollte man auf die Fütterung von Mehlwürmern verzichten, auch wenn der Preis, im Vergleich zu dem der anderen Futtertiere, sehr niedrig ist.

Zophobas
Zophobas sind die Larven des afrikanischen Schwarzkäfers. Sie sind mit einem Fettanteil von 18 % ebenfalls sehr reichhaltig und sollten nicht zu häufig verfüttert werden. Da Bartagamen hastige Fresser sind und die Zophobas oft lebendig herunterschlingen, können sie sich durch deren scharfes zangenartiges Mundwerkzeug Verletzungen zuziehen. Am besten zerdrückt man die Köpfe der Raupen, bevor man sie anbietet oder verzichtet ganz auf die Verfütterung, denn es gibt genügend Alternativen.

Wiesenplankton
Darunter versteht man die in der Natur frei gefangenen Insekten. Sie eignen sich gut zur Ernährung von Bartagamen. Gefahr geht jedoch von einer eventuellen Insektizidbelastung aus. So ist es ratsam, Wiesenplankton nicht von landwirtschaftlichen Nutzflächen abzusammeln. Feldheuschrecken können vom Hochsommer bis in den Herbst gefangen und verfüttert werden.

Pflanzliche Nahrung

Gut zu wissen

Alle vegetarischen Futtermittel sollten nicht durch Schadstoffe belastet sein. Durch ihren kleineren Organismus können den Tieren selbst geringste Pestizidspuren schaden.
Also, keine gespritzten Salate, kein Löwenzahn aus Weinbergen, vom Straßenrand oder aus landwirtschaftlichen Nutzgebieten!

Für Bartagamen geeignet sind nahezu alle Gemüse-, Salat- und Obstsorten, Wild- und Gartenkräuter sowie einige Blüten. Der Anteil an pflanzlicher Nahrung sollte bei adulten Tieren bei mindestens 60 %, bei Jungtieren bei mindestens 30 % liegen. Da sie tierische Nahrung bevorzugen, ist es besser, Futtertiere nicht gleichzeitig mit der pflanzlichen Nahrung zu verfüttern.

Wichtig sind der Nährwert des Futters und das Verhältnis von Kalzium und Phosphor. Der Anteil an Kalzium sollte immer überwiegen, ideal ist ein Verhältnis von 1,5 : 1,0. Aber auch Vitamine, Eiweiße und Fette im Futter tragen zur gesunden Ernährung der Bartagamen bei. Die Werte für die einzelnen Futtermittel finden Sie in der Tabelle.

Gemüse
Karotte, klein geraspelt, hilft bei der Versorgung des Organismus mit Betacarotin, aber auch das Grün ist als Futter geeignet. Fenchelblätter, Zucchini oder Kürbis, von beiden auch die Blüten, sind eine gute Ergänzung des Speiseplans. Generell gilt, möglichst viel Abwechslung beim Futter zu bieten.

Rotkohl, Sauerampfer, Porree, Grünkohl, Mangold, Rhabarber und Kohlrabi besitzen außerdem einen hohen Gehalt an Oxalsäure und können gesundheitsschädlich wirken. Spinat und Chinakohl enthalten ebenfalls

Nährwerttabelle von Futterpflanzen

Lebensmittel	Eiweiß g/100 g	Fett g/100 g	Kohlenhydrateg/100 g	Kalzium mg/100 g	Phosphor mg/100 g	Ca:P
Apfel	0,2	0,4	11,0	8	11	1,0:1,4
Aprikose	1,0	0,2	12,3	17	11	1,5:1,0
Banane	1,1	0,2	20,3	9	29	1,0:3,2
Birne	0,5	0,4	12,5	10	16	1,0:1,6
Bleichsellerie	1,2	0,2	1,8	102	50	2,0:1,0
Brokkoli	3,1	0,2	2,4	109	87	1,2:1,0
Brombeere	1.2	1,0	2,7	45	30	1,5:1,0
Brunnenkresse	1,7	0,2	4,9	12	20	1,0:1,7
Chicoree	1,4	0,2	2,2	24	25	1,0:1,0
Dill	3,9	0,8	7,9	239	88	2,7:1,0
Endivien	1,8	0,2	0,3	51	55	1,0:1,0
Erdbeere	0,8	0,5	5,1	26	24	1,0:1,0
Feldsalat	1,8	0,4	0,7	35	50	1,0:1,4
Gartenkresse	4,2	1,5	1,8	195	53	5,5:1,0
Gurke	0,6	0,2	2,0	14	25	1,0:1,7
Heidelbeere	0,6	0,6	7,5	12	13	1,0:1,0
Himbeere	1,3	0,4	10,4	40	44	1,0:1,1
Honigmelone	1,0	0,1	5,8	13	21	1:1,6,0
Karotte	0,9	0,2	5,2	43	35	1,2:1,0
Kerbel	4,2	0,6	6,6	400	30	13,3:1,0
Kirschen	1,0	0,3	13,3	18	18	1,0:1,0
Kiwi	0,9	0,6	12,5	40	31	1,3:1,0
Kürbis	0,5	0,2	2,2	17	16	1,0:1,0
Löwenzahn	2,5	0,6	9,4	166	73	2,2:1,0
Mango	0,6	0,4	12,0	12	13	1,0:1,0
Melone	0,6	0,2	8,4	11	10	1,0:1,0
Papaya	0,5	0,1	2,3	22	17	1,2:1,0
Paprika	1,3	0,5	6,7	10	32	1,0:3,2
Petersilie	4,2	0,4	7,9	162	120	1,3:1,0
Pfirsich	0,8	0,1	8,5	7	24	1,0:1,3
Pflaume	0,6	0,1	10,0	14	17	1,0:1,2
Radicchio	1,2	0,2	1,4	37	29	1,2:1,0
Tomate	1,0	0,2	2,4	15	24	1,0:1,6
Zucchini	1,7	0,4	2,2	32	24	1,3:1,0

Ein reichlich gefüllter Napf, der den Tagesbedarf zweier Bartagamen gut deckt.

Hinweis
Vorsichtig und sehr sparsam sollten Kohlsorten verfüttert werden, denn die darin enthaltenen Senfölglykoside haben eine blähende Wirkung.

Oxalsäure, zeichnen sich aber durch ein sehr gutes Kalzium-Phosphor-Verhältnis aus und können in kleinen Mengen gefüttert werden. Oxalsäure bindet Kalzium an sich, wodurch die Aufnahme dieses Minerals im Darm vermindert wird und der Oxalsäuregehalt in Nieren und Urin stark ansteigt. Ein sehr hoher Oxalsäuregehalt ist toxisch. Die Salze der Oxalsäure wie beispielsweise Kalziumoxalat, das in Form von Kristallen in den Pflanzen vorkommt, können unter Umständen zur Bildung von Nieren- oder Blasensteinen führen.

Grüne Bohnen und Kartoffeln sind in rohem Zustand giftig, ebenso Kartoffel- und Tomatenblätter. Ebenfalls nicht verfüttert werden sollten Gemüsekonserven oder gekochtes Gemüse.

Obst

Kalzium-Phosphor-Verhältnis bei Obst ist oft ungünstig. Allerdings enthält es viele Vitamine und sollte deshalb auch auf der Speiseliste stehen – doch nie in gekochtem Zustand. Entkernt, besonders bei Äpfeln, denn die Kerne sind giftig, entsteint, geschält und in kleine Stücke geschnitten, ist fast jedes Obst ein kleines Festmahl für Bartagamen. Ausgesprochen gerne fressen sie Erdbeeren, Heidelbeeren, Mangos und Äpfel.

Rhabarber ist wegen des hohen Oxalsäuregehalts ungeeignet, ja sogar giftig. Auf Zitrusfrüchte und anderes Obst mit hohem Säureanteil sollte verzichtet werden, ebenso auf alle Obstkonserven, nicht zuletzt wegen des hohen Zuckergehalts.

Salate

Empfehlenswert für Bartagamen sind Endivien, Feldsalat und Ruccola, am besten vom Biobauern aus der Gegend. Die meisten anderen Salate werden auch gerne gefressen, sind aber wenig gehaltvoll und oft reich am nicht gesundheitsförderlichen Nitrit. Keimlinge und Sprossen jeder Art, frisch und am besten selbst gezogen, ergänzen das Futter hervorragend. Gerne nehmen Bartagamen, in geringen Mengen auch Gurken, reife Tomaten oder Paprika.

Umwelttipp

Auch auf einem Balkon oder im Garten lassen sich Kräuter und bestimmte Gemüsesorten ziehen. Bauen Sie einen Teil des Grünfutters für Ihre Bartagamen einfach selbst an. So wissen Sie genau, was Sie verfüttern, und das Grünzeug hat garantiert nur den Transportweg zum Terrarium hinter sich.

Wildkräuter

Die Natur selbst ist eine wertvolle Quelle für Futtermittel. Ausgezeichnete Nährwerte und ein sehr gutes Kalzium-Phosphor-Verhältnis besitzen die Blätter und Blüten des Löwenzahns, nicht jedoch die Wurzeln und Stängel, die eine toxische Wirkung zeigen. Vogelmiere, Wegerich, Taubnessel oder Gänseblümchen werden von Bartagamen gerne gefressen und sind leicht und kostenlos zu besorgen.

Vorsicht bei der Butterblume, sie ist giftig. Auch die Wildkräuter dürfen nicht mit Schadstoffen belastet sein. Also nicht am Feldrand oder in den Weinbergen sammeln, wo unter Umständen Pestizide verwendet worden sind.

Ein Wildkräuterbuch kann bei der Suche nach den Futterpflanzen gute Dienste leisten (siehe auch Literatur, Seite 91). So lernen Sie, die Pflanzen zu erkennen und zu unterscheiden und nicht versehentlich geschützte Pflanzen zu verfüttern.

Die Küchenkräutertöpfchen im Hintergrund sind eine hübsche Bepflanzung und liefern ständig frisches Futter.

Tipp

Küchenkräuter in Töpfchen eignen sich hervorragend zur Bepflanzung des Terrariums und gedeihen dort prächtig – wenn sie den Wettlauf mit dem Appetit der Terrariumbewohner gewinnen, und liefern über längere Zeit frisches Futter. Kerbel, Petersilie oder Dill gedeihen im Blumenkasten sehr gut.

Gartenkräuter

Im Handel werden getrocknete Kräuter als Reptilienfutter angeboten, auch für den Fall, dass Sie die Pflanzen nicht selbst sammeln oder anbauen können. Doch frische Ware, ungespritzt und für den menschlichen Verzehr geeignet, wie die Küchenkräutertöpfchen, finden sich in jedem Supermarkt. Bartagamen nehmen gerne ein Häppchen Kerbel oder Dill zu sich.

Petersilie ist nur bedingt und in kleinen Mengen zu empfehlen, weil sie oxalsäurehaltig ist. Sie kann bei trächtigen Weibchen die Wehen fördern. Ihr Gehalt an Vitamin C ist jedoch recht hoch, sodass ab und zu ruhig einige Blätter verfüttert werden dürfen. Salbei ist keinesfalls als Futter geeignet, er ist für Bartagamen giftig.

Blüten

Ein frischer, kleiner Blumenstrauß für die Bartagamen, bestehend aus den Blüten und Blättern der Kapuzinerkresse, Gänseblümchen, Vergissmeinnicht oder Petunien-, Hibiskus-, Dahlien- und Rosenblüten, sind eine schöne Abwechselung im Speiseplan. Auch hier dürfen nur Blüten verfüttert werden, die garantiert unbelastet von Schadstoffen und mit Sicherheit ungiftig sind! Die Bartagamen bevorzugen Blüten mit gelber oder roter Farbe. Blüten in getrockneter Form gibt es im Zoofachhandel.

Vorsicht

Bei Reptilien toxisch oder zumindest unverträglich sind unter anderem einige Avocadosorten, Johanniskraut, Zwiebeln, Buchweizen, Bärlauch, Zinnkraut, Schachtelhalm, Salbei und die Blätter des Kakaobaums. (siehe auch Tabelle Giftpflanzen Seite 42)

Vorsicht giftig

Es gibt Pflanzen, die giftig sind und unter keinen Umständen verfüttert werden dürfen. Nicht jede, für den Menschen toxische oder unverträgliche Pflanze ist es auch für Reptilien. Es gibt aber im Gegenzug viele Pflanzen, die für den Menschen völlig harmlos sind, bei Tieren aber Vergiftungen hervorrufen. Im Zweifelsfall also lieber keine Experimente!

Links: Eine Kräutermischung, speziell auf die Bedürfnisse von Reptilien abgestimmt, kann den Speiseplan bereichern.

Rechts: Getrocknete Blüten sind eine willkommene Abwechslung, besonders in der Winterzeit.

Fertigfutter

Im Handel ist mittlerweile eine Vielzahl an industriell hergestelltem Bartagamenfutter erhältlich, aber auch Futterinsekten in Dosen und Form von Pellets. Diese Futtermittel können eine gute Alternative für Notfälle oder auch während der Urlaubszeit sein, vor allem wenn man den hilfreichen Geistern, die die Pflege unserer Lieblinge übernommen haben, die Besorgung und Zubereitung von frischem Futter nicht zumuten will oder kann.

Wichtig ist, dass Sie vorher testen, ob die Tiere das Futter annehmen. Sonst ist Frischfutter immer der Konserve vorzuziehen. Vom Verfüttern von Hunde- oder Katzenfutter ist dringend abzuraten, denn die Zusammensetzung entspricht nicht den Bedürfnissen von Reptilien.

Flüssigkeitsaufnahme

Bartagamen sind in recht trockenen Gebieten zu Hause. Wasser nehmen die Tiere zum größten Teil mit der Nahrung auf oder sie trinken Tau. Um Flüssigkeit zu sparen, scheiden sie mit ihren Exkrementen die Harnsäure in sehr sehr konzentrierter Form aus.

Da einige Krankheiten der Bartagamen auf Wassermangel zurückzuführen sind, beispielsweise Nierengicht, sollte im Terrarium immer ein Napf mit frischem Wasser zur Verfügung stehen. Sollten die Tiere dieses Wasser nicht annehmen, weil es sich nicht bewegt, hilft ein Brunnen oder Wasserfall. Sinnvoll ist es auch, alle zwei bis drei Tage, idealerweise am Vormittag, das Innere des Terrariums mit Wasser zu besprühen.

Vitamine und Mineralstoffe

In der Terrarienhaltung von Reptilien ist die Versorgung mit Vitaminen und Mineralstoffen über die Ernährung allein kaum gewährleistet. Um Mangelerscheinungen zu verhindern, sollten diese Stoffe zugegeben werden. Vor allem in der Zucht macht sich ein Defizit schnell bei den Jungtieren bemerkbar und führt zu Deformationen. Ein Kalziummangel kann, neben Rachitis und Osteomalazie, die Bartagamen dazu verleiten, das Substrat zu fressen, was im schlimmsten Fall zu Darmverschluss führen kann.

Futtertiere, aber auch vegetarische Kost bestäubt man regelmäßig einmal in der Woche mit einem Vitamin-Mineralstoff-Präparat. Die Futtertiere geben Sie hierfür zusammen mit dem Präparat in eine leere Heimchendose und pudern sie durch leichtes Schütteln mit den Vitaminen und Mineralstoffen ein.

Zusätzlich sollten Sie ein Multivitaminpräparat, am besten in flüssiger Form, verabreichen. Die Herstellerangaben und die Dosierungsempfehlung sollten Sie dabei eher unter-, als überschreiten, denn ein Zuviel (Hypervitaminose) ist ebenso schädlich, wie ein Mangel (Hypovitaminose).

Gut zu wissen

Kalzium sollte in Form von zerbröselter Sepiaschale ständig in einem Schälchen gereicht oder auf dem Bodengrund des Terrariums verteilt werden.

Das Verhalten der Bartagame

Beobachten Sie Ihre Bartagamen, lernen Sie, ihre Verhaltensäußerungen zu verstehen, dann können Sie auf die Bedürfnisse der Tiere viel besser eingehen.

Bartagamen kommunizieren untereinander über vielerlei Körpersignale.

Meister der Körpersprache

Bartagamen können ausgezeichnet sehen und Fressfeinde oder Beutetiere aus großer Distanz wahrnehmen. Im Terrarium sitzen sie oft fast starr auf ihrem Aussichtsplatz und verfolgen die Aktionen um sich herum nur mit den Augen.

Verglichen mit anderen Echsen, zeigen sie außerdem ein großes Repertoire an Signalen, um mit Artgenossen, anderen Tieren oder dem Halter zu kommunizieren. Diese Körpersprache dient zur Übermittlung von Nachrichten, denn die Fähigkeit der Bartagamen zur Lautäußerung beschränkt sich auf ein gelegentliches Fauchen oder Brummen zur Feindabwehr. Auch macht ihr starres Gesicht jede Mimik unmöglich.

Trotzdem können Sie, mit einigem Hintergrundwissen und einer guten Beobachtungsgabe, lernen, die Verhaltensäußerungen Ihrer Bartagamen zu verstehen, um auf die Bedürfnisse der Tiere besser eingehen zu können.

Erkundungsverhalten

Zur Erforschung ihrer Umgebung benutzen Bartagamen die Zunge. Sie prüfen durch Züngeln pflanzliche Nahrung, Artgenossen und alle möglichen anderen Gegenstände auf geruchliche Informationen. Pheromone sind biochemische Signalstoffe, die von Artgenossen stammen und über einen passenden Chemorezeptor im Sinnessystem der Tiere in geringsten Mengen erfasst werden.

Geruchsspuren und Pheromone werden beim Zurückziehen der Zunge mit dem Jacobson'schen Organ, das sich im vorderen Munddach befindet, in Kontakt gebracht und über Nervenreize ins Gehirn weitergegeben und analysiert. Die Zunge spielt auch eine Rolle bei der Begrüßung von Artgenossen, dabei belecken die Tiere die Nackenpartie des anderen (Köhler, Griesshammer, Schuster, 2004).

Körpersprache beim Erkundungsverhalten.

Körpersprache beim Dominanzverhalten.

Dominanzverhalten

Schon bei den Jungtieren im Terrarium etabliert sich nach wenigen Tagen eine soziale Hierarchie. Diese macht sich vor allem bei der Futteraufnahme bemerkbar, wenn die ranghöheren Tiere den niedrigen das Futter streitig machen. Die Folge ist ein sehr schnell zu bemerkender Unterschied in der Körpergröße.

Das ranghöchste Tier besetzt den besten Sonnen- und den höchsten Aussichtsplatz und zeigt sein dominantes Verhalten durch ruckartiges Kopfnicken. Die rangniedrigeren Tiere antworten mit einem beschwichtigenden Winken. Im Erwachsenenalter wird dieses Verhalten bei den Männchen durch ein Aufstampfen mit den Vorderfüßen, dem Öffnen des Mauls sowie

Winken oder Ärmchendrehen ist eine Beschwichtigungsgeste bei den Bartagamen.

dem Aufstellen und Färben des Bartes (siehe Foto Seite 68 Maul und Bart) und der Schwanzspitze noch unterstrichen. Zudem flacht das Tier, um möglichst groß zu wirken, den Körper ab, dreht ihn zur Seite und stellt die seitlichen Stachelschuppen auf.

Kämpfen

Die Kontrahenten umkreisen einander und nähern sich seitlich. Räumt der Gegner das Feld nicht und zeigt auch kein Beschwichtigungsverhalten (Ärmchendrehen, Winken), versucht das überlegene Männchen, den Rivalen in die seitlichen Stachelschuppen zu beißen. Hat er einen festen Haltebiss angesetzt, schiebt er sich in ruckartigen Bewegungen über den Schwächeren – fast wie bei der Paarung. Als Geste der Unterwerfung bleibt dieser dann regungslos am Boden liegen, bis er die Möglichkeit zur Flucht hat.

In der Natur ist eine solche Situation nicht problematisch, das unterlegene Männchen kann sich aus dem Einflussbereich des dominanten entfernen. Im Terrarium dagegen ist das Revier begrenzt. Um Verletzungen zu verhindern, muss der Halter eingreifen und die Tiere trennen.

Unterlegene Männchen nehmen oft das Verhaltensmuster eines Weibchens an, um den Aggressionstrieb des Ranghöchsten zu beschwichtigen. Dies kann soweit gehen, dass seine Geschlechtbestimmung als Männchen nicht mehr eindeutig ist. Daher ist es ratsam, nur ein einziges Männchen im Terrarium zu halten.

Gut zu wissen

Unterdrückte Tiere gehen schlecht ans Futter und werden, geplagt vom Dauerstress anfälliger für Erkrankungen. Sie können sogar von den dominanten und damit größeren Agamen angefressen werden. Der Verlust von Schwanzspitze, Zehen oder ganzen Beinen kommt sind nicht selten vor.

Rechts:
Demutsverhalten: Ducken

Unten:
Demutsverhalten: Winken

Übersicht: Körpersignale der Bartagamen

Signal	Verhaltensweise	Bedeutung
Belecken der Nackenpartie	Erkundung	Identifikation von Artgenossen
Aufstellen der vorderen Körperhälfte	Dominanz	zeigt hohen Ranganspruch an, dazu Abspreizen und Färben des Bartes, Nicken, Schwanzschlagen
Nicken	Überlegenheit	von ranghöheren Tieren in Richtung unterlegenem Tier ausgeführt
Abspreizen und Schwarzfärben des Bartes, meist in Verbindung mit Öffnen des Maules	Drohen	zur Feindabwehr, der Gegner antwortet mit langsamerem Kopfnicken
Schwanzschlagen, Schrägstellen und Abflachen des Körpers, Spreizen und Umfärben des Bartes, Kopfnicken	Drohen	bei Revierkonflikten
Ärmchendrehen oder Winken	Beschwichtigung	von rangniedrigeren Tieren ausgeführt
Ducken	Demutsgeste	soll die Angriffslust des Gegners abschwächen
Ducken mit Nackenbiss und Schwanzanheben	Fortpflanzungsverhalten	Paarungssignal

Demutsverhalten

Das Winken mit den Ärmchen – Ärmchendrehen – und langsames Nicken mit Kopf und Oberkörper – Verbeugen – sind typische Demutsgebärden. Damit versuchen Bartagamenweibchen und unterlegene Männchen, dominante Tiere zu beruhigen. Ein weiteres Zeichen ist das Sich-flach-auf-den-Boden-drücken. Solche Unterwerfungsgesten sind oft die Antwort auf ein schnelles Kopfnicken eines Ranghöheren. Manchmal, doch selten, übernehmen Weibchen die dominante Rolle.

Balzverhalten

Neben dem Dominanz- beginnt auch das Balzverhalten mit einem mehrfachen Nicken. In Verbindung mit der Dunkelfärbung des Bartes zeigt das Männchen dem Weibchen damit seine Paarungsbereitschaft an. Das Kopfnicken wird in Richtung des Weibchens ausgeführt, dieses antwortet mit kreisenden Armbewegungen (Winken), verhält sich aber sonst ruhig. Meist bleibt es passiv sitzen (Brattstome, 1971, Zimmermann, 1980) oder hebt den Schwanz leicht an. Nachdem das Männchen seinen Paarungsbiss in der seitlichen Halspartie oder im Nacken des Weibchens angesetzt hat, kann es zur Paarung kommen.

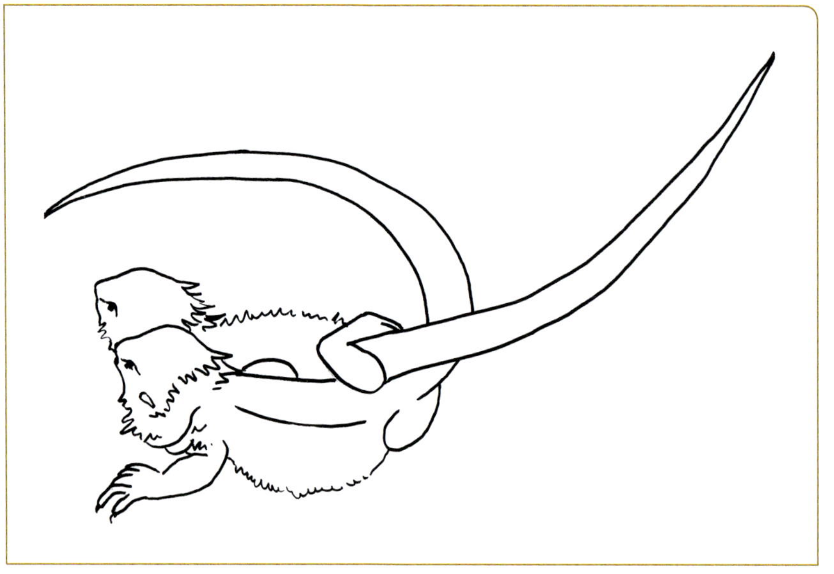

Bartagamen bei der Paarung.

Ist das Weibchen nicht paarungsbereit, wird es versuchen, das Männchen abzuschütteln, notfalls durch Bisse und Hiebe mit dem Schwanz. Dabei können die Weibchen recht aggressiv reagieren. Sollte das Risiko bestehen, dass das Männchen dabei verletzt wird, greift der Halter besser ein und trennt die beiden. Doch Vorsicht, ein wütendes Weibchen macht auch vor dem Pfleger nicht halt. Nach der Paarung verhalten sich die Tiere wieder völlig normal.

Thermoregulation

Gut zu wissen

Eine Körpertemperatur über 45 °C würde Bartagamen töten (Letaltemperatur) (BARTHOLOMEW und TUCKER, 1963).

Bartagamen sind, wie alle Reptilien wechselwarme (poikilotherme) Tiere, das heißt sie können ihre Körpertemperatur nicht selbst regulieren, sondern sie wird durch die Umgebung beeinflusst. Zu diesem Zweck brauchen die Tiere im Terrarium Sonnenplätze zum Aufwärmen, aber auch kühlere Regionen.

Sie erhöhen die Wärmeaufnahme durch das Vergrößern der Körperoberfläche, wobei sie ihren Körper verbreitern und abflachen. Zudem verändern sie innerhalb kürzester Zeit ihre Körperfärbung durch Kontraktion melaninhaltiger Hautzellen (GREER, 1989). So sind die Tiere morgens deutlich dunkler als abends. Haben sie ihre Aktivitätstemperatur, die zwischen 30 °C und 40 °C liegt, erreicht, werden sie beweglich und beginnen, Futter aufzunehmen.

Um die Temperatur im Optimalbereich zu halten, hellen die Tiere die Haut wieder auf und suchen mit hochgestelltem Körper schattigere Plätze (KÖHLER, GRIESSHAMMER, SCHUSTER, 2004). Ist es ihnen noch immer zu heiß, beginnen sie mit offenem Maul zu hecheln. Die dabei verdunstete Flüssigkeit kühlt die Mundschleimhäute und senkt die Körpertemperatur.

In der Natur versucht die Bartagame, die Auskühlungsphase am Tagesende zu verzögern und sucht dazu Steine oder asphaltierte Straßen auf, die noch warm sind.

Mit breitem Bauch sitzt die Bartagame auf dem Sonnenplatz und wärmt sich auf.

Biologie und Gesunderhaltung

Körperbau, Eigenschaften und Fortpflanzung der Bartagamen passen perfekt zu ihrer Lebensweise in der Wüste. Wie Sie ihre Tiere gesund erhalten, finden Sie hier.

Wüstentiere wie die Bartagamen haben besondere körperliche Eigenschaften, durch die sie ihrem Lebensraum optimal angepasst sind.

Körperbau

Das Erscheinungsbild aller Bartagamenarten ähnelt sich sehr. Hervorstechend ist ihr dreieckiger, breiter Kopf, der eher massige Körper und ihr langer Schwanz.

Mit einer Gesamtlänge von bis zu 58 cm von *Pogona barbata* oder 55 cm von *Pogona vitticeps* gehören die meisten Bartagamenarten zu den großen Echsen. Der lange, am Ansatz breite Schwanz macht dabei etwa die Hälfte aus. Er dient zur Verteidigung, als Stütze und zur Fettspeicherung, hat aber nicht die Fähigkeit zur Autotomie wie bei anderen Reptilienarten, kann also nicht abgeworfen und wieder regeneriert werden.

Auffällig ist der meist große, breite, dreieckige Kopf der Bartagamen, mit einer kräftigen, artspezifischen Bestachelung, die eine sichere Artbestimmung ermöglicht (Badham, 1976), siehe dazu auch ab Seite 20. Die Schuppen sind in Größe und Beschaffenheit unterschiedlich, oft stachlig und immer gekielt.

Die Gliedmaßen sind meist kurz und kräftig, der Rumpf ist massig und dorso-ventral abgeflacht, die Körperform erscheint also eher platt. Seitlich an den Körperflanken befinden sich in mehreren Reihen lange Stachelschuppen.

Sehr schön zu sehen ist das Ocellenmuster an der Bauchseite und die vergrößerten Stachelschuppen an den Seiten.

Färbung

Die Wildfärbung ist bräunlich beige oder graubraun, je nach Art. Die Unterseite weist meist ein hellgrauweißes, tupfenförmiges, sogenanntes Ocellenmuster auf. Einige besonders intensiv gefärbte Exemplare von *Pogona vitticeps* besitzen als Wildfarbe einen kräftigen rotorangefarbenen Ton, als Adaption an die rote Erde in ihrem australischen Lebensraum.

Info

Die Färbung der Bartagamen variiert bei der Thermoregulation und ist außerdem abhängig von Befindlichkeiten wie Aggression, Angst oder Wohlbefinden.

Geschlechtsbestimmung

Bei adulten Tieren sind die Geschlechtsmerkmale schon rein äußerlich recht leicht erkennbar. Männchen können bei Erregung als Drohgebärde ihren aufgestellten Bart und die Schwanzspitze schwarz färben. Dies ist Weibchen nur in geringem Maße möglich, bei ihnen zeigt sich lediglich ein schwarzer Streifen auf dem mäßig abgespreizten Bart. Auch haben Männchen einen massigeren Kopf.

Ein Blick auf die Unterseite der Schwanzwurzel gibt Sicherheit über das Geschlecht. Dazu wird der Schwanz ganz vorsichtig nach oben gebogen.

- An der Schwanzwurzel des Männchens sind seitlich deutliche Wölbungen sichtbar, die **Hemipenestaschen**.
- Beim Weibchen zeichnet sich an dieser Stelle oberhalb der Kloake eine Trapezform ab, sie bedeckt die **Klitoraltasche**.
- Die **Femoralporen**, Drüsen zum Absetzen von Duftstoffen, auf der Innenseite der Oberschenkel sind beim Männchen deutlicher ausgeprägt, vor allem zur Paarungszeit.
- Die **Kloakenöffnung** ist beim Männchen größer als beim Weibchen.

Bei Jungtieren ist zwar schon im Alter von einigen Monaten eine Geschlechtsbestimmung möglich, die Fehlerquote jedoch hoch. So kann es vorkommen, dass versehentlich in einem Terrarium mehrere Männchen zusammen gepflegt werden. Das unterlegene wird sich morphologisch den Weibchen angleichen, um dem Aggressionstrieb des dominanten zu drosseln.

Die beiden Hemipenestaschen des Männchens, in denen sich je ein Hemipenis befindet.

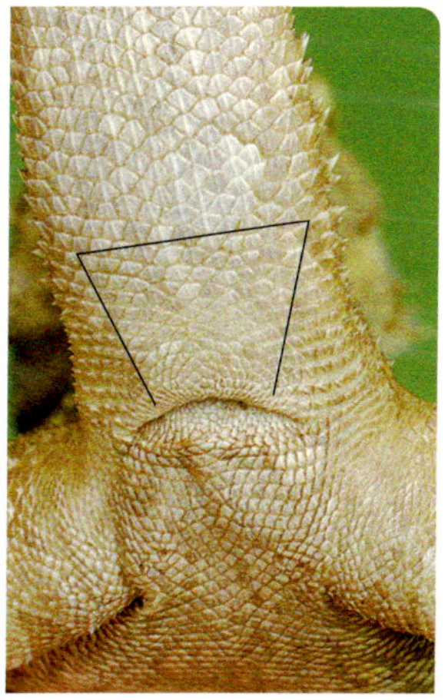

Die Klitoraltasche des Weibchens zeichnet sich trapezförmig ab.

Bart und Maul

Das auffälligste Merkmal der *Pogona*-Arten ist die mit Stachelschuppen besetzte Kehle, die sie bei Erregung schwarz färben und abspreizen. Dies weckt die Assoziation an einen menschlichen Bart und verhalf ihnen zu ihrem deutschen und dem wissenschaftlichen Namen. *Pogona* stammt aus dem Griechischen und bedeutet „Bart".

Die höchst eindrucksvolle Fähigkeit, dem Bart zu präsentieren, besitzen allerdings nur die Hälfte der *Pogona*-Arten. Lediglich *P. vitticeps, P. nullarbor, P .mitchelli* und *P. barbata* sind in der Lage, ihren Kehlbereich mit Hilfe eines komplizierten Zungenbeinapparates auf spektakuläre Weise abzuspreizen. Dabei rotieren dessen erste Ceratobrachialspangen nach unten und außen (Throckmorton et al., 1985), der Bart wird also nicht aufgeblasen, wie oft fälschlich angenommen, sondern mit dieser raffinierten Hebelkonstruktion aufgestellt.

Im Maul befinden sich spitze Zähne, die zu Leisten zusammengewachsen sind und mit denen die Tiere ihre Beute packen und Pflanzen zerteilen. Agamen haben keine Mahlzähne und schlucken ihre Nahrung unzerkaut hinunter.

Dieses Foto aus dem Freiland Australiens zeigt, wie spektakulär es wirkt, wenn ein Männchen von *Pogona barbata* mit aufgestelltem Bart, offenem Maul und starker Dunkelfärbung droht.

Mit der beweglichen, fleischigen und zweizipfeligen Zunge nehmen sie Duftstoffe wahr, die sie mit dem Jacobson'schen Organ analysieren. Deutlich mehr nutzen andere Reptilienarten, vor allem Schlangen, diese Fähigkeit und erforschen ihre Umwelt durch intensives, aktives Züngeln.

In Erwartung eines Leckerbissens wird die zweizipfelige, klebrige Zunge schon in Position gebracht.

Oben links: Sollte die Kralle des Artgenossen dem Auge zu nahe kommen, wird es schnell mit der Nickhaut geschützt.

Oben rechts: Das Parietalauge ist deutlich als veränderte Schuppe in der Mitte des Kopfes zu sehen.

Sinnesorgane

Tiere, die zur Lautäußerung fähig sind, besitzen auch einen ausgeprägteren Gehörsinn. Bartagamen bringen bestenfalls als Drohlaut ein Fauchen oder Knurren zustande. Reptilien haben keine Ohrmuschel, lediglich eine Öffnung, sodass das gut entwickelte Trommelfell sichtbar ist. Die Tiere nehmen mittlere und niedrige Frequenzen besser wahr als hohe.

Bartagamen verlassen sich bei der Orientierung hauptsächlich auf ihre guten Augen. Wie fast alle tagaktiven Echsen besitzen sie eine ganz ausgezeichnete Sehfähigkeiten und können Beute und Feinde schon auf große Distanz ausmachen. Die Augen der Bartagamen sind durch ein Ober- und Unterlid bedeckt. Das dritte Augenlid, die Nickhaut, schützt vor mechanischen Verletzungen.

Erwiesenermaßen können Bartagamen Farben unterscheiden. So bevorzugen sie rote oder gelbe, doch verschmähen meist blaue Blüten. Zudem muss für die soziale Interaktion, bei der die Tiere unter anderem Bart und Schwanzspitze verfärben, eine gewisse Farbwahrnehmung vorhanden sein.

Eine Besonderheit ist das Scheitel- oder Parietalauge. Es handelt sich hierbei um ein nach oben gerichtetes, zentrales, drittes Organ für Lichtreize, das auf dem Scheitelbein des Schädels als veränderte, lichtdurchlässige Schuppe sichtbar ist.

Es dient als Rezeptor für Hell-Dunkel-Reize und besteht aus lichtempfindlichen Sinneszellen, die über Nerven direkt mit der Zirbeldrüse verbunden sind. Die exakte Funktion ist noch nicht genau geklärt. Es wird angenommen, dass das Parietalauge den frischgeschlüpften Jungtieren den Weg aus der oft tiefen Eigrube weist.

Der endogene Rhythmus der Körperfunktionen wie Wachen und Schlafen, Aufwärmphase und Temperaturregulation wird über das Scheitelauge gesteuert. Es gilt als das entwicklungsgeschichtlich älteste Organ zur Erkennung des Tagesrhythmus und ist rudimentär noch bei vielen Tierarten vorhanden.

Oben links: Besonders die Häutung von Kopf und Hals scheint für die Tiere sehr unangenehm zu sein.

Oben rechts: Manchmal häuten sich ganze Köperteile am Stück und man kann noch erkennen, woher die Haut stammt, wie hier bei dem „Handschühchen".

Häutung

Bartagamen besitzen wie die meisten Echsen eine kräftige Haut mit Schuppen verschiedener Größe und Form. Diese Haut stoßen sie in unterschiedlichen Zeitabständen ab. Der Vorgang wird durch Hormone gesteuert, doch auch andere Faktoren, wie Alter, Wachstum, Temperatur, Luftfeuchtigkeit und Gesundheit spielen dabei eine Rolle. So erfolgt die erste Häutung bei Reptilien mitunter bereits im Ei. Gewöhnlich häuten sich Bartagamen aber einige Tage oder ein bis zwei Wochen nach dem Schlupf das erste Mal.

Vor der Häutung kommt es zu einer Spaltbildung in einer Schicht intermediärer Hautzellen, der Zwischen- oder Häutungszellschicht. Durch Verschleimung dieser Zellen kann sich die alte von der neuen Hornschicht trennen. Bevor die alte Haut abgestreift wird, liegt sie noch über der neuen, sodass die Bartagamen dann ein trübes, glanzloses Schuppenkleid tragen. Meist reißt die Haut zuerst am Kopf auf, manchmal auch entlang der oberen Körpermittellinie, was dann vom Aussehen her an ein geplatztes Bockwürstchen erinnert.

Oft ist die Häutung in wenigen Tagen beendet, manchmal dauert es auch ein oder zwei Wochen, bis der letzte Rest alter Haut abgerieben werden kann. Bei richtig versorgten Bartagamen im Terrarium gibt es selten Häutungsprobleme und Hilfestellung ist nicht nötig.

Für den Fall, dass sich Häutungsreste aber einfach nicht lösen wollen, besonders an den Zehen oder der Schwanzspitze, ist es ratsam, die Bartagame in lauwarmem Wasser zu baden. Sollte das Tier dies nicht dulden, wird wenigstens der betroffene Körperteil in ein Gefäß mit warmem Wasser gehalten. In besonders hartnäckigen Fällen kann man auch versuchen, die Häutungsreste mit Vaseline zu entfernen. Werden die verhornten Rückstände nicht entfernt, besteht die Gefahr, dass die Blutzirkulation so stark eingeschränkt wird und das Gewebe abstirbt (siehe auch Seite 83).

Gut zu wissen

Ausreichende Vitamin- und Mineralstoffversorgung sollte selbstverständlich sein und erleichtert die Häutung. Nicht vernachlässigt werden darf auch die Luftfeuchtigkeit, die in der Häutungsphase ruhig etwas angehoben werden kann.

Gut zu wissen

Im Gegensatz zu Schlangen streifen Bartagamen ihre Haut nicht in einem Stück ab, sondern fetzenweise.

Tipp

Unterstützen können Sie die Häutung der Bartagamen, indem sie ihnen eine Bademöglichkeit, zur Verfügung stellen. Zudem benötigen die Tiere raue Gegenstände, an denen sie die lose Haut abreiben können.

Balz und Fortpflanzung

Die Paarungsaktivitäten beginnen drei bis vier Wochen nach der Winterruhe. Verpaart werden sollten nur gesunde, blutsfremde Elterntiere, die mindestens ein Jahr alt und somit geschlechtsreif sind. Bei *Pogona mitchelli* beispielsweise setzt die Geschlechtsreife bei einer KRL von 10,5 cm ein.

Der Paarung voraus geht ein ausgedehntes Balzverhalten. Das Männchen versucht, dem ausgewählten Weibchen mit Kopfnicken und einem tiefschwarz gefärbten Bart zu imponieren, dabei hebt und senkt es ruckartig Kopf und Oberkörper und knickt mit den Vorderbeinen ein, macht also „Liegestütz".

Das Weibchen reagiert, indem es den Oberkörper und den Kopf flach auf den Boden drückt. Dies wird vom Männchen als Paarungsaufforderung angesehen und es beginnt, mit aufgerichtetem Oberkörper das Weibchen zu umkreisen. Dieses antwortet mit Heben und Senken des Kopfes. Das Männchen nähert sich nach dieser Einverständniserklärung dem Weibchen von der Seite, setzt den Paarungsbiss seitlich im Nacken an und rutscht über das Weibchen auf die andere Seite. Das Weibchen hebt nun den Schwanz leicht an.

Macht sie dies nicht gleich, streicht das Männchen seiner Partnerin immer wieder mit den Hinterbeinen über den Rücken, bis sie ihm die Kopulation erlaubt.

Es kommt bei den Bartagamen oft zu Belästigungen nicht paarungswilliger Weibchen durch Männchen und im Extremfall müssen die Tiere

Gut zu wissen

Verletzungen durch den Paarungsbiss sind häufig, jedoch nur oberflächlich und heilen schnell.

Die beiden verstehen sich gut. Dies ist aber nicht immer der Fall, weder in einer Gruppe, noch bei einem Pärchen.

Paarung bei *Pogona vitticeps*. Man sieht gut, wie das Männchen den Paarungsbiss ansetzt.

getrennt werden, um weiteren Stress zu vermeiden. Paarungswillige Männchen stellen oft die Nahrungsaufnahme ein oder werden auch dem Pfleger gegenüber unleidlich.

Eiablage

Gut zu wissen

Spätestens kurz vor der zu erwartenden Eiablage sollte das Männchen aus dem Terrarium entfernt werden, damit das Weibchen in seiner gewohnten Umgebung in Ruhe einen geeigneten Eiablageplatz suchen kann.

Die Tragezeit dauert höchstens sechs Wochen. Zum Ende der Tragzeit zeichnen sich die Eier im Hinterleib des Weibchens deutlich ab und drücken auch auf die Atmungsorgane. So legt das trächtige Weibchen oft seinen Kopf in den Nacken und atmet schwer.

Die Eier werden zwischen Frühlingsende und Sommeranfang abgelegt. Auch wenn das Weibchen nur ein einziges Mal verpaart wurde, kann sie mehrere Gelege absetzen, denn sie hat die Fähigkeit zur Samenspeicherung. Dies ist nicht nur bei *Pogona vitticeps* der Fall (Hauschild und Bosch, 2001), sondern wurde in Terrarienhaltung auch bei *P. mitchelli*, *P. minor* und *P. henrylawsoni* beobachtet.

Bevor Sie die abgelegten Eier inkubieren, sollten Sie sich genau überlegen, ob Sie Platz für eine Anzahl zusätzlicher Aufzuchtterrarien und die Zeit für die vielen kleinen Winzlinge haben, die aus den Eiern schlüpfen und ob sie in gute Hände geben können. Um den Jungtieren einen guten Start ins Leben zu ermöglichen, kann ist es besser sein, nur einen Teil der Eier auszubrüten – zu zeitigen.

Versorgung der Trächtigen

Info

Bei der Zucht von *P. mitchelli* ist die regelmäßige Gabe von Babymäusen Pflicht, um den Substanzverlust der Weibchen aufzufangen.

Das Tier sollte wegen des erhöhten Mineral- und Nährstoffbedarfs sehr hochwertig und reichlich ernährt werden. Um Mangelerscheinungen vorzubeugen, kann zusätzlich ab und zu eine Babymaus gefüttert werden.

Eiablageplatz

Das Weibchen testet durch Probegrabungen mehrere Stellen auf ihre Eignung als Nest. Im Terrarium sollten mehrere, als Eiablageplatz geeignete Stellen vorhanden sein. Schütten Sie dazu ein grabfähiges Gemisch aus

Sand und Lehm oder Erde in einer Höhe von 30 bis 40 cm auf. Die Plätze sollten unbedingt eine Tiefe haben, die der KRL des Weibchens entspricht. Das Substrat muss leicht feucht sein und eine Temperatur von 25 bis 30 °C aufweisen. Findet sich im Terrarium kein geeigneter Platz, das Substrat aufzuschütten, kann man es in eine tiefe Box füllen und ins Terrarium stellen.

Ein Spotstrahler über dem Eiablageplatz ist empfehlenswert, um die erforderliche Temperatur zu erreichen. Wärme von unten über eine Heizmatte dagegen würde das Weibchen beim Graben irritieren, denn auch hier gilt, je tiefer die Tiere in freier Natur graben, desto kühler wird das Erdreich.

Gut zu wissen
Sollte das Weibchen keinen geeigneten Ablageplatz finden, so kann es zu Legenot kommen. Ausführliche Informationen hierzu sind auf Seite 86 zu finden.

Gelege

Das Tier legt in die zuvor gegrabene, 25 bis 40 cm tiefe Legeröhre zwischen acht und 35 Eier, in Einzelfällen auch mehr. Die Ablagestelle scharrt das Weibchen sorgfältig wieder zu und verdichtet die Erde schichtweise mit Kopfstößen. Dann fegt es mit dem Schwanz noch nach, um alle Spuren zu tilgen. Eine Brutpflege findet bei Bartagamen nicht statt. Nach drei bis vier Wochen ist das Weibchen zur nächsten Eiablage bereit.

Weibchen die gerade geschlechtsreif geworden sind, setzen meist kleinere Gelege ab. Sie steigern sich dann im Laufe der Jahre, sodass 2- oder 3-jährige Tiere fünf oder sechs Gelege mit jeweils bis zu 35 Eiern produzieren können. Ab einem Alter von etwa fünf Jahren reduziert sich die Reproduktionsfähigkeit wieder bis sie bei alten Bartagamen, ganz eingestellt wird.

Schlupf

Da die Bedingungen im Terrarium für das Ausbrüten der Eier nicht optimal sind und die Elterntiere keine Brutpflege betreiben, ja den Nachwuchs womöglich sogar mit Nahrung verwechseln würden, ist es besser, die Eier im Inkubator zu zeitigen.

Nachdem die Eier nach Ablage einige Stunden ausgehärtet sind, kann man sie in den Brutapparat überführen. Dazu muss man sie vorsichtig freilegen und darf sie keinesfalls drehen, denn dann würde der Embryo absterben. Er ist in diesem Stadium nicht mehr frei beweglich und würde vom Dottersack erdrückt (Köhler, Griesshammer, Schuster, 2004). Um dies zu vermeiden, kennzeichnet man zuvor die Oberseite der Eier mit einem weichen Stift. Nun können sie in das schon vorbereitete Kistchen mit Brutsubstrat gelegt werden.

Gut zu wissen
Zum Markieren der Eier sollte man keinen Filz- oder Tintenstift verwenden, denn es ist nicht sicher geklärt, ob die Inhaltsstoffe die Eierschale durchdringen können.

Zeitigung der Eier

Als Substrat eignen sich Vermiculit oder Perlit, die nur leicht angefeuchtet werden sollten. Die Eier werden zu zwei Drittel in das bereits aufgewärmte Substrat gebettet. Dabei sollten sie genügend Abstand voneinander haben, weil sie Feuchtigkeit aufnehmen und ihren Umfang um etwa ein Drittel vergrößern werden. Die Jungtiere ernähren sich vom Dotter innerhalb des Eies. Unbefruchtete und beschädigte Eier, solche also, die schlaff oder bräunlich sind, können gleich aussortiert werden.

Der Inkubator hält zum Ausbrüten die optimale Temperatur von 26 bis 29 °C, keinesfalls über 30 °C, bei einer Luftfeuchtigkeit von 90 bis 99 %. Ob sich die Bruttemperatur bei Bartagamen, wie bei einigen anderen Reptilien, auf die Ausbildung des Geschlechts auswirkt, ist noch unerforscht.

Oben links: Schlüpfende Bartagamen-Jungtiere. Mit dem Eizahn, der später abfällt, öffnen Sie die Eischale vor dem Schlupf.

Oben rechts: Dieses Jungtier ist gerade ein paar Tage alt, sein Kopf kaum größer als ein Fingernagel.

Wöchentlich werden Substrat und Eier kontrolliert. Dunkel verfärbte, verschimmelte oder übelriechende Eier müssen entfernt werden. Sollte unklar sein, ob einzelne Eier in Ordnung sind, kann man diese in einer gesonderten Box weiter inkubieren.

Bei der Kontrolle muss die Substratfeuchtigkeit überprüft und wenn nötig, etwas lauwarmes Wasser in die Zwischenräume, keinesfalls auf die Eier, gegeben werden.

Der Schlupfvorgang

Nach 50 bis 70 Tagen sind die kleinen Bartagamen bereit zu schlüpfen. Oft treten Feuchtigkeitstropfen aus den Eiern aus und man sieht auf der lederartigen Eischale die ersten Eihautschnitte, die von den Tierchen mit dem Eizahn gesetzt wurden. Dann stoßen die Schlüpflinge die Eischale mit kräftigen Streckbewegungen auf, schieben den Kopf heraus und beginnen zu atmen. Erschöpft von dieser Anstrengung verharren sie oft stunden- oder sogar tagelang so. Man sollte sie in Ruhe lassen, denn sie müssen für den nächsten Schritt erst wieder Kraft schöpfen.

Gut zu wissen

Haben sich die Tiere vollständig aus dem Ei befreit, kann man sie vorsichtig aus dem Inkubator nehmen. Bevor sie ins Aufzuchtbecken gesetzt werden können, schaut man auf der Bauchseite nach, ob der Dottersack vollständig eingezogen wurde. Andernfalls müssen die kleinen Schlüpflinge in einer Heimchendose mit feuchtem Zellstoff noch für einen Tag in den Inkubator (KÖHLER, GRIESSHAMMER, SCHUSTER, 2004).

Aufzucht der Jungtiere

Die frisch geschlüpften Jungtiere haben eine Gesamtlänge von 8 bis 10 cm und können zunächst in größeren und nach zwei bis drei Wochen in kleineren Gruppen aufgezogen werden.

Das erste Aufzuchtterrarium mit den gleichen Klimabedingungen wie bei den adulten Tiere laufen und möglichst einfach eingerichtet sein, ähnlich einem Quarantäneterrarium – ohne Bodensubstrat, nur mit Küchenpapier oder Kunstrasen und ungefährlichen Versteckmöglichkeiten wie etwa Eierkartons.

Gut zu wissen

Das Aufzuchtterrarium sollte anfangs so klein und übersichtlich sein, dass sich die Winzlinge zurechtfinden und die Chance haben, Futtertiere zu erwischen.

Füttern

Die Schlüpflinge werden nach einigen Tagen anfangen, Futter aufzunehmen. Sie benötigen vorwiegend hochwertiges, nicht zu aktives Lebendfutter in entsprechender Größe. Sie sollten aber auch schon an vegetarische Kost herangeführt werden, damit sie diese später nicht verschmähen. Gerade bei Jungtieren ist eine zusätzliche Gabe Kalzium, Vitamin D3 und die Bestrahlung mit UV-Licht für einen stabilen Knochenbau wichtig.

Selbstverständlich brauchen sie eine nicht zu tiefe Schale Wasser, damit sie darin nicht ertrinken. Es empfiehlt sich, die Tierchen unter Umständen mit einer Pipette zu tränken, denn es ist möglich, dass sie das Wasser nicht von allein erkennen.

Das Terrarium wächst mit

Nach zwei bis drei Wochen werden die Jungtiere in kleinen Gruppen in ein größeres Terrarium umgesetzt. Als Bodensubstrat ist hier Taubengrit möglich (Köhler, Griesshammer, Schuster, 2004), die darin enthaltenen Kalziumstückchen können von den Jungtieren aufgenommen werden. Einige Kletteräste ohne exponierte, hohe Plätze – diese würden eventuell umkämpft – machen das Jungtierterrarium komplett.

Das Terrarium kann nun schon mindestens 80 bis 100 cm lang sein, denn die Jungen brauchen genügend Freiraum, um ihre Reviere auszubilden.

Ein einfach eingerichtetes Aufzuchtbecken, übersichtlich und leicht zu reinigen, mit gleich hohen Sonnen- und Aussichtsplatz.

Oben links: Ein Grüppchen verschieden alter Bartagamen-Jungtiere.

Oben rechts: Selbst die kleinsten Bartagamen versuchen sich schon in Drohgebärden.

Kaum zwei bis drei Wochen alt, finden schon die ersten Rangeleien statt. Dabei kann es passieren, dass die Geschwister sich gegenseitig Schwanzspitzen oder Zehen abbeißen, und dies unabhängig vom Futterstand. Die Jungtiere wachsen schnell heran und können bei optimaler Haltung bereits nach neun Monaten geschlechtsreif sein.

Zeichnungsvarianten und Farbzüchtungen

Tipp
Gleich hohe Aussichtsplätze vermindern das Risiko von Revierkämpfen und damit einhergehenden Verletzungen. Lassen die kleinen Kannibalen nicht davon ab, müssen sie extra gesetzt werden.

Von allen Bartagamenarten wird *Pogona vitticeps* wohl in den meisten Farb- und Zeichnungsvarianten angeboten. Der Neuling kann dabei durch phantastische Namen wie Lemon Head, Red-Gold, Green Morph of a Sandfire, Yellow Red Dessert oder Yellow Tangerine verwirrt werden. Doch alle diese Farben lassen sich wissenschaftlich in wenige Kategorien einordnen. Die Benennung ist dem Züchter überlassen und so entstehen vielerlei Phantasiebezeichnungen. Am häufigsten wird die Färbung „nominat" angeboten, Wildfarbe in gräulich bräunlich oder gelblich.

Natürliche Farbanpassungen

Die ersten, besonders interessant gefärbten Tiere tauchten Anfang der 1990er Jahre in den USA auf (Köhler, Griesshammer, Schuster, 2004) und wurden weiter herausgezüchtet. Die Ausgangsbasis waren Tiere, die schon von sich aus eine rötlichere oder gelblichere Färbung hatten, als Adaption an den roten Sand Australiens. Durch Selektion wurde dieses Merkmal in den Erbanlagen gefestigt.

Mutationen

Bei einer groß angelegten Zucht entstehen durch sprunghafte Veränderungen in den Erbanlagen (Mutationen) manchmal Tiere mit ungewöhn-

Farbspiele bei den Bartagamen

Farb- oder Zeichnungsvariante	Beschreibung	Zuchtlinien
hyperxanthisch	hoher Rot-Orange-Gelb-Anteil, auch als Red/Gold Morph bezeichnet, wobei die Rückenzeichnung manchmal überlagert wird	hoher Gelb-Orange-Anteil ohne Zeichnung oder Muster Sandfire, eingetragenes Warenzeichen des Erstzüchters Robert Mailloux auf der Sandfire Dragon Ranch: **Sandfire Yellow**: hoher Gelb-Anteil **Sandfire Gold**: hoher Gelb-Orange-Anteil **Blood oder Blood-Orange**: hoher Blutrot-Anteil
hypomelanistisch	ohne dunkle Pigmentierung, jedoch keine Albinos	**Pastel**: pastellige Grundfarbe, blassrosa oder hellorange **Salmon**: hellgrauer Grund mit gelblicher Zeichnung **Sunburst**: gelbliche Tiere mit Melaninmangel **Snow**: weiß mit goldenen Augenringen, die weiße Färbung intensiviert sich bei Jungtieren von Häutung zu Häutung
leucistisch	einfarbig hellgrau, bläuliche Augenlider	
Tiger	markante Querbänderung am Rücken	
längsgestreift	deutliche Längsstreifen auf dem Rücken, auch bei adulten Tieren (Bei Jungtieren sind die Streifen häufig, im Alter verlieren sie sich (KÖHLER, GRIESSHAMMER, SCHUSTER, 2004).	

Oben links: Farbvariante „Sandfire Red“.

Oben rechts: Bartagame in der hellen Farbvariante.

Gut zu wissen

Bei einer eigenen Nachzucht außergewöhnlicher Farbzüchtungen ist unbedingt darauf zu achten, dass die Tiere nicht zu nah miteinander verwandt sind.

licher Färbung. Mit diesen wird gerne weitergezüchtet. Um aber die Farben in den nächsten Generationen zu erhalten, können sie nur durch Inzucht vermehrt werden, mit dem Risiko, dass sich versteckte Gendefekte in der Linie festsetzen.

Die ersten negativen Einflüsse einer Intensivzucht zeigen sich daran, dass Nachkommen mit veränderten Farben allgemein kleiner bleiben, schon kleiner zur Welt kommen. Außerdem gibt es hohe Aufzuchtausfälle, die Lebenserwartung ist niedriger, die Fruchtbarkeit herabgesetzt und sie sind krankheitsananfälliger (KÖHLER, GRIESSHAMMER, SCHUSTER, 2004). Möglicherweise beeinträchtigt die veränderte Körperfarbe die Tiere auch bei der sozialen Kommunikation, Thermoregulation und Empfindlichkeit gegenüber UV-Licht.

Inzuchtprobleme tauchen auch bei Normalzüchtungen auf, denn die gesamte Population von *Pogona vitticeps* stammt von wenigen Gründertieren ab. Bei *Pogona henrylawsoni* sollen sogar nur ein einziges trächtiges Weibchen oder zwei bis drei Wildfänge die Ausgangsbasis der in Menschenhand bestehenden Population sein.

Medizinische Versorgung

Bartagamen gehören zu den Reptilien, die eine robuste Gesundheit haben. Die meisten Erkrankungen basieren auf Haltungsfehlern, etwa durch ein ungesundes Klima im Terrarium, aber auch Mängel bei Hygiene oder Ernährung.

Die kranke Bartagame

Erste Krankheitsanzeichen sind Veränderungen in Aktivität, Appetit, Motorik oder im Aussehen der Tiere. Sie legen sich flach auf den Boden oder verstecken sich. Wenn es sich nicht gerade um die beginnende Winterruhe

Bartagame, die mit gesundem Appetit eine Blaubeere verspeist.

Es ist wichtig zu erkennen, wann die Bartagame möglicherweise gesundheitliche Probleme hat und dann sofort zu handeln.

handelt, sollten Sie einen terrarienkundigen Tierarzt aufzusuchen (Liste von Fachtierärzten siehe Homepage der DGHT).

Erkrankte Tiere versuchen oft lange Zeit ihren Schwächezustand zu verbergen, um potenziellen Feinden nicht als leichte Beute zu erscheinen. Also ist aufmerksame Beobachtung unerlässlich, nur so können Krankheiten oder haltungsbedingte Unpässlichkeiten rechtzeitig erkannt, behandelt und behoben werden.

Missbildungen

Häufig sind Inzucht, Vergiftung durch genverändernde Substanzen wie Pestizide oder andere Chemikalien, Passivrauchen, Vitaminmangel und Unterernährung oder fehlerhafte Inkubation Ursachen für Missbildungen bei Bartagamen. Leichte Behinderungen, die das Tier nicht quälen, sind als Schönheitsfehler zu werten, andernfalls ist eine Euthanasie unerlässlich.

Erste Hilfe bei Erkrankungen und Verletzungen

Symptome	**Mögliche Ursachen**	**Maßnahmen**
Bissverletzungen		
– Haut- oder Fleischwunden  Dieser Bartagame wurde im Revierkampf die Schwanzspitze abgebissen.	– Fehler in der Gruppenstruktur – verbliebene Futtertiere, vor allem die nachtaktiven Heimchen, haben ihre eigentlichen Fressfeinde angefressen – das Weibchen wurde bei der Paarung oder bei einem Paarungsversuch in der Nackenpartie verletzt	– Wunden desinfizieren (Salbeitinktur oder Calendulaessenz), bei größeren Wunden oder gar dem Verlust von Köperteilen, wie Schwanz oder Zehen, eventuell zum Tierarzt – Das verletzte Tier gegebenenfalls in ein mit Küchentüchern ausgelegtes Quarantäneterrarium setzen.
Knochenbrüche		
– verdrehte, angeschwollene Gliedmaßen – Hinterherziehen von Gliedmaßen	– Fall aus großer Höhe – Einklemmen von Körperteilen in Türen oder Glasscheiben	– vorsichtiges Schienen mit kleinen Hölzchen und einem Pflasterverband, wenn die Bruchfragmente nicht verschoben sind. – unbedingt zum Tierarzt, dann sind die Heilungschancen sehr gut (Köhler, 1996).
Ektoparasiten		
– rote (Milben) oder weiße (Milbenkot) Punkte auf der Haut oder zwischen den Schuppen, bevorzugt an Kloaken, Maul und den Arm- und Beinansätzen, oder dunkle Punkte, die mit bloßem Auge zu erkennen sind – Schubbern an Einrichtungsgegenständen oder Dauerbaden kann ein Hinweis auf Außenparasiten sein	– Milben- oder Zeckenbefall, häufig bei Tieren von Reptilienbörsen (Milben) oder bei Freilandhaltung (Zecken)	– Bei Milbenbefall die Echsen und das Terrarium, nach vorheriger Absprache mit dem Tierarzt, mit einem für Bartagamen ungiftigen Insektizid besprühen. – alle Einrichtungsgegenstände mit einem Desinfektionsmittel reinigen. – Zecken mit der Zeckenzange entfernen oder vom Tierarzt entfernen lassen (ergänzt nach Drewes, 2005).

Erste Hilfe bei Erkrankungen und Verletzungen

Symptome	Mögliche Ursachen	Maßnahmen
Eintrocknen und Absterben von Zehen und Schwanzende – Nekrosen		
– dunkle Schwanzspitze oder Zehen aufgrund von Durchblutungsstörungen – eingeschränkte Kletterlust	– Häutungsprobleme – Verletzungen – Stoffwechselerkrankungen (Gicht, Artheriosklerose) – Mykosen	– warm baden, um eventuelle Häutungsreste aufzuweichen und zu entfernen – bei Mykosen und Gicht ist eine Behandlung durch den Tierarzt erforderlich – in schweren Fällen kann die Amputation von Zehen oder vom Schwanzende notwendig sein
Überlange Krallen		
– überlange Krallen, damit verbundene Kletterunlust  Die Krallen dieser Bartagame waren so lang, dass sie schon auf den Zehen laufen musste.	– zu wenig Bewegung – zu weicher Untergrund	– Krallen vorsichtig mit einer speziellen Nagelschere schneiden, ohne die Blutgefäße zu verletzen oder besser vom Tierarzt schneiden lassen – Untergrund den Bedürfnissen anpassen – raue Klettermöglichkeiten schaffen
Verbrennungen		
– Wundstellen meist an Bauch oder Rücken	– fehlerhafte oder unsachgemäß installierte Strahler oder Heizsysteme	– leichte Verbrennungen mit Wundsalbe (Lebertransalbe) behandeln – bei schweren Verbrennungen unbedingt den Tierarzt aufsuchen – als Erste-Hilfe-Maßnahme die entsprechenden Stellen mit sterilen, feuchten Mullkompressen abdecken und verbinden

Erste Hilfe bei Erkrankungen und Verletzungen

Symptome	Mögliche Ursachen	Maßnahmen
Hautmykosen		
- Hautrötungen - nässende Hautwunden - borkige Verdickungen	- zu feuchte Haltung - schlechte Belüftung - zu niedrige Temperatur	- klimatische Bedingungen im Terrarium überprüfen - unbedingt einen fachkundigen Tierarzt aufsuchen - betroffenes Tier im Quarantäneterrarium auf Fließpapier halten - bei Mykosen ist die Behandlung langwierig, denn die Bereiche müssen täglich von Verkrustungen befreit und mit einer antimykotischen Salbe behandelt werden. (Köhler, 1996).
Häutungsschwierigkeiten		
- Häutungsreste, vor allem an Zehen und Schwanzspitze (siehe auch Seite 71) - Eintrocknen und Absterben von Zehen und Schwanzspitze - Nekrose	- zu niedrige Luftfeuchtigkeit oder Temperatur - Milbenbefall - zu wenig raue Gegenstände, an denen sich das Tier reiben kann - eventuell Vitamin-A-Mangel (Bruns, o. J.)	- Tier handwarm baden, um die eingetrockneten, verhornten Häutungsreste aufzuweichen. Diese dann vorsichtig (gegebenenfalls mit Pinzette) abzupfen - bei anhaltenden Problemen das Tier von fachkundigem Tierarzt auf Allgemeinerkrankungen untersucht lassen

Der nur teilweise gehäutete Schwanz einer Bartagame, ein Bad in lauwarmen Wasser oder schwarzem Tee kann die Häutung erleichtern.

Erste Hilfe bei Erkrankungen und Verletzungen

Symptome	Mögliche Ursachen	Maßnahmen
Hängende Augenlider		
– das untere Augenlid hängt tiefer	– unbekannt, eventuell Vitamin-A-Mangel	– bei Entzündung der Augen den Tierarzt aufsuchen
Darm- oder Hemipenisvorfall		
– Ausstülpung im Kloakenbereich	– **für einen Darmvorfall** – Parasiten – inneres Austrocknen (Dehydrierung) – Kotstau – – **für einen Hemipenisvorfall** – mechanische Gründe bei der Paarung – Entzündungen	– so schnell wie möglich einen fachkundigen Tierarzt aufsuchen – den verletzten Bereich beim Transport mit sterilen, feuchten Mullbinden vor dem Austrocknen schützen (Drewes, 2005)
Muskelzittern		
– Zittern der Finger und Zehen, dann am ganzen Körper – geringes Fluchtverhalten  Eine gesunde Bartagame, bereit auf den nächsten Ast zu springen, zeigt kein Zittern.	– Vitamin-B-, -D- oder Kalzium-Mangel	– Aufsuchen eines fachkundigen Tierarztes unerlässlich – bis dahin in ein Quarantäneterrarium setzen
Durchfall		
– ungewöhnlich dünnflüssiger, wässriger Kot	– Darmentzündung – Nahrungsumstellung – Parasitenbefall – Nebenwirkungen von Medikamenten (Köhler, 1996)	– bei über 3 bis 4 Tage anhaltendem Durchfall unbedingt zum Tierarzt gehen – Hände waschen nicht vergessen, um einer eventuellen Übertragung von Keimen vorzubeugen

Erste Hilfe bei Erkrankungen und Verletzungen

Symptome	Mögliche Ursachen	Maßnahmen
Verstopfung		
– Kot kann nicht abgesetzt werden	– Befall von Endoparasiten – Wassermangel – Bewegungsmangel – Fremdkörper (Einstreu und kleine Steine wurden aus Mineralstoffmangel gefressen) – Darmverschluss	– Baden des Tieres in handwarmem Wasser kann Abhilfe schaffen – ansonsten fachkundigen Tierarzt zu Rate ziehen
Erbrechen		
– Erbrechen von anverdautem Futter, unter Umständen mit Blut und viel Schleim	– Endoparasitenbefall – Stress – zu niedrige Temperatur – Gastritis – Magengeschwür – Fremdkörper (Einstreu) – Darmverschluss – Nebenwirkungen von Medikamenten	– einen fachkundigen Tierarzt zu Rate ziehen, die Therapie richtet sich dann nach der Ursache
Endoparasiten		
– Abmagerung – im Kot sind kleine Eier sichtbar – Durchfall	– Kokzidien, Flagellaten, Amöben oder Trematoden (Saugwürmer) – Cestoden (Bandwürmer) – Nematoden (Fadenwürmer) – Oxyuren (Pfriemenschwänze oder Madenwürmer)	– Kotuntersuchung und Behandlung durch den Tierarzt – Kokzidien sind bei Bartagamen sehr häufig – 80 bis 85 % der in Terrarien gehaltenen Bestände sind betroffen. Vor allem bei Jungtieren, die die Parasiten von den Elterntieren übernommen haben, können starke Krankheitssymptome hervorgerufen werden – Oxyuren, am häufigsten verbreitet, rufen zwar keine Krankheitssymptomatik hervor, sollten aber dennoch behandelt werden – Tiere einzeln in Quarantäneterrarien setzen, da die Übertragung von Tier zu Tier erfolgt – Hygienemaßnahmen verstärken, kein Austausch von Futternäpfen oder sonstigen Geräten zwischen verschiedenen Terrarien – gründliche Reinigung und Desinfektion des Terrariums, eventuell mit einem Dampfreiniger

Die Gesundheit der Bartagame hängt in erster Linie von der richtigen Haltung ab.

Erste Hilfe bei Erkrankungen und Verletzungen

Symptome	Mögliche Ursachen	Maßnahmen
(Fortsetzung Endoparasiten)		– falls möglich die auf Einrichtungsgegenständen haftenden Eier im Backofen durch Hitze (200 °C) oder in der Gefriertruhe durch Kälte (–20°) abtöten
Gicht		
Gicht ist eine Stoffwechselerkrankung, bei der sich harnsaure Salze in den Gelenken, den Nieren und den Eingeweiden ablagern. Sie tritt bei Reptilien häufig auf. Laut HAUSCHILD und BOSCH (2001) litten über 20 % der sezierten Bartagamen an Nierengicht.		
– knotige Auftreibung der Gelenke – Apathie und Fressunlust – Lahmheits- und Lähmungserscheinungen der hinteren Gliedmaße	– vermutlich durch Wassermangel – zu eiweißreiche sowie zu ballaststoffarme Ernährung	– Gewissheit, ob eine Gichterkrankung vorliegt gibt eine Harnsäureuntersuchung durch den Tierarzt – Nierengicht ist nicht reversibel (DREWES, 2005; KÖHLER, 1996)
Abszesse		
– Feste Beulen unter der Haut durch eitergefüllte Hohlräume, die durch Einschmelzung von Gewebe entstanden sind – Öfter gibt es bei Bartagamen eine eitrige Entzündung des Hemi penis an der Unterseite der Schwanzbasis, mit einer deutlichen Schwellung in diesem Bereich (KÖHLER, 1996)		– unbedingt einen fachkundigen Tierarzt aufsuchen, der den Abszess öffnet und entsprechend behandelt
Lungenentzündung		
– Röcheln nach Luft – ruckartiges Öffnen des Mauls – Schaum an den Nasenlöchern – Apathie – Nahrungsverweigerung	– Luftfeuchtigkeit zu hoch – Temperatur zu niedrig – Zugluft – staubiger Untergrund oder staubige Rückwände	– Klima im Terrarium überprüfen, Luftfeuchtigkeit senken, Temperatur erhöhen, Zugluft vermeiden – Terrarium von Staub befreien – unbedingt einen fachkundigen Tierarzt aufsuchen – Vitamine zur Abwehrsteigerung verabreichen – Inhalation mit ätherischen Ölen (kein Teebaumöl, Japanisches Heilpflanzenöl ist jedoch geeignet)

Erste Hilfe bei Erkrankungen und Verletzungen

Symptome	Mögliche Ursachen	Maßnahmen
Vergiftungen		
– Atembeschwerden – Krämpfe – Gleichgewichtsstörungen – Lähmungserscheinungen – Erbrechen – Durchfall	– mit Pestiziden (Insektizide oder Herbizide) belastete Nahrung – giftige Pflanzen	– unverzüglich einen fachkundigen Tierarzt aufsuchen
Legenot		
Legenot ist schwer zu erkennen, daher ist besondere Aufmerksamkeit gefragt, wenn der Eiablagetermin deutlich überzogen wurde.		
– Weibchen zieht sich in kühlere Bereiche des Terrariums zurück – nachdem das Weibchen zuvor schon ausgiebig nach einem geeigneten Eiablageplatz gesucht und gegraben hat, verhält es sich plötzlich wieder völlig normal	– Vitamin- oder Kalziummangel – übergroße Gelege – Erschöpfung – oft findet das trächtige Weibchen aber einfach keinen geeigneten Platz zur Eiablage. Manchmal verteilt es dann seine Eier, statt sie einzugraben, wahllos im Terrarium – es verwirft die Eier.	– Vorbeugung: geeignete Eiablageplätze im Terrarium schaffen – sonst schnellstmöglich einen fachkundiger Tierarzt aufsuchen, denn nicht abgesetzte Eier können nicht resorbiert werden – bei Verwerfen der Eier ist vom Tierarzt per Ultraschall zu überprüfen, ob Eier zurückbehalten wurden – manchmal ist ein operativer Eingriff die einzige Möglichkeit, das trächtige Weibchen zu retten
Rachitis oder Osteomalazie		
Rachitis ist eine Stoffwechselerkrankung bei Jungtieren, bei der die Mineralisierung des Knochengewebes aufgrund von Vitamin-D-Mangel ausbleibt. Bei adulten Tieren spricht man von Osteomalazie.		
– Deformation von Wirbelsäule, Becken und Kiefers – abnorm gestellte Extremitäten – Zwergwuchs – geringe Härte des Schädelknochens	– Vitamin-D-Mangel	– Knochenfehlbildungen sind nicht rückgängig zu machen – Krankheitsprozess kann durch Gabe von Vitamin D und Kalzium gestoppt werden, die Dosis ist vom Tierarzt zu bestimmen – Umstellung der Ernährung ist unerlässlich – ausreichende Bestrahlung mit UV-Licht, um die körpereigene Vitamin-D-Synthese anzuregen

Nicht mehr gewünschte Bartagamen

Welche traurigen Umstände oder wechselnde Launen auch immer zu der Tatsache führen, ein bisher gepflegtes Tier abzugeben, es muss unbedingt verantwortungsvoll geschehen. Weder das Töten, noch das Aussetzten eines Tieres in freier Natur, vor einer Zoohandlung oder einem Tierheim, ist die richtige Lösung. Ein solcher Fall wird als Straftat geahndet.

Einzig die Vermittlung an einen terrarienkundigen Halter oder die Weitergabe an eine Auffangstation sind akzeptable Mittel, das Tier aus der eigenen Obhut zu entlassen. Eine Liste von Reptilienauffangstationen finden Sie auf Seite 92.

Die alternde Bartagame

Bartagamen können im Terrarium ein recht hohes Alter, oft von über zehn Jahren erreichen. Als Senioren verändern sich ihre Ansprüche, sie werden merklich inaktiver, stellen die Paarungsaktivitäten ein, und sind stress- und krankheitsanfälliger.

Durch mangelnde Bewegung reduziert sich der Kalorienverbrauch und um einer Verfettung vorzubeugen, sollte die Ernährung angepasst werden. Auch das Terrarium sollte den Bedürfnissen des älteren Tieres entsprechend umgestaltet werden, denn die Senioren klettern nicht mehr so gewandt wie in jungen Jahren. Vergesellschaftete Tiere büßen möglicherweise ihre Vorherrschaft ein und fühlen sich dann einzeln gehalten wohler.

Wenn der Tag kommt, an dem das Leben für die Bartagame nur noch eine Qual ist, sollten Sie das Tier, auch wenn es noch so schwer fällt, fachgerecht vom Tierarzt einschläfern lassen. Alle anderen Tötungsvarianten sind Tierquälerei und verbieten sich für den verantwortungsvollen Halter aus Respekt vor der Natur von selbst.

Service

Infos drumherum sind immer wichtig, darum gibt es hier Hinweise zu Literatur, Bezugsquellen, Internet und natürlich ein Stichwortverzeichnis für die leichte Suche im Buch.

Ganz nah dran: eine gesunde, aufmerksame Bartagame.

Verzeichnisse

Glossar

Dieses Glossar umfasst eine Sammlung von Fachausdrücken, die Ihnen in der Literatur über Reptilien begegnen können.

Adaption: Anpassung
Adult: geschlechtsreif, ausgewachsen
Agamidae: Familie der Agamen
Akklimatisation: Anpassung, Eingewöhnungsphase an eine neue Umgebung
Arboricol: kletternd, auf Bäumen oder Sträuchern lebend
Arid: sehr trocken
Autotomie: Selbstverstümmelung oder die Fähigkeit, zum Selbstschutz Körperglieder wie den Schwanz abzuwerfen
Besatz: Anzahl der im selben Behälter gehaltenen Tiere
Biotop: Lebensraum einer Tier- oder Pflanzenart
Diurnal: tagaktiv
Dorsal: auf dem Rücken (oder der Oberfläche) befindlich, Gegenteil von ventral
Endoparasit: im Innern des Körpers befindlicher Parasit
Ektoparasit: außen am Körper befindlicher Parasit
Ektotherm: Tiere, deren Körpertemperatur nur von der Außenwelt beeinflusst wird
Epidermis: oberste Hautschicht
Exkremente: lat. excrementum, Ausscheidung
Familie: Einteilungsstufe der Systematik, die der Unterordnung unter- und der Unterfamilie übergeordnet ist
Fäkalien: Ausscheidung des Darms
Femoralporen: Drüsen bei Echsen, auf der Oberschenkelinnenseite, während der Paarungszeit besonders ausgeprägt
Fertil: fruchtbar
Gattung: Einteilungsstufe der Systematik, die der Unterfamilie unter- und der Art übergeordnet ist
GL: Gesamtlänge (von der Kopf- bis zur Schwanzspitze des Tieres)
Habitat: das Verbreitungsgebiet einer Art
Hemipenis: männliches Geschlechtsorgan bei Echsen
Herbivor: pflanzenfressend
Herpetologie: Lehre von den Amphibien und Reptilien
Humid: niederschlagsreich, feucht
Hygrometer: Gerät zur Messung der Luftfeuchtigkeit
Inkubation: Ausbrüten von Eiern unter kontrollierten Bedingungen
Inkubationszeit: Entwicklungszeitraum von der Eiablage bis zum Schlupf
Juvenil: jugendlich, nicht geschlechtsreif, Jungtier
Karnivor: fleischfressend
Klasse: Einteilungsstufe der Systematik
Klassifikation: Einordnung in die Systematik
Kloake: Öffnung für Ausscheidungen, Eiern und zur Aufnahme und Abgabe von Spermien
Kehlfahne: Kehllappen = Hautlappen, der vom Unterkiefer bis zum Brustbein reicht und aufgestellt werden kann
Kopulation: Paarung, Begattung
KRL: Kopf-Rumpf-Länge
Lateral: seitlich
Legenot: Unfähigkeit, die reifen Eier abzusetzen
Letal: tödlich
Melanophoren: melaninhaltige Hautzellen
Nekrose: Nekros, griechisch abgestorben, Gewebetod, Absterben von Zellen
Nomenklatur: wissenschaftliche Vergabe von Namen
Omnivor: allesfressend
Ordnung: Einteilungsstufe der Systematik, ist der Klasse unter- und der Unterordnung übergeordnet
Ovipar: eierlegend
Pathologisch: medizinisch
Parasit: Schädling
Pheromone: biochemische Botenstoffe
Poikilotherm: wechselwarm
Phytophag: pflanzenfressend
Reptilia: Klasse der Reptilien
Sauria: Unterordnung der Echsen
Semiadult: Übergang in die Geschlechtsreife
SL: Schwanzlänge
Stamm: Einteilungsstufe der Systematik
Systematik: Einteilung des Tierreichs nach natürlichen Verwandtschaftsverhältnissen und daraus resultierenden Namensgebungen
Taxonomie: Beschreibung, Benennung, Zuordnung (siehe Systematik)
Toxisch: giftig
Thermoregulation: Steuerung der optimalen Körpertemperatur durch Abkühlen oder Aufwärmen

Unterarten: kleinste Einteilungsstufe der Systematik, die der Familie unter- und der Gattung übergeordnet ist (Endungen auf -inae)
Unterordnung: Einteilungsstufe der Systematik, die der Ordnung unter- und der Familie übergeordnet ist
UV-Licht: Ultraviolettes Licht – Bestandteil des natürlichen Sonnenlichts; wichtig zur Synthese von Vitamin-D-3 bei Echsen
Ventral: auf dem Bauch befindlich, Gegenteil von dorsal
WA: Washingtoner Artenschutzabkommen, die deutsche Bezeichnung für CITES
Wiesenplankton: in der Natur erbeutete Insekten
1,3,2: Angabe der Geschlechter – die erste Stelle entspricht den Männchen, die zweite den Weibchen und die dritte den Jungtieren
Zeitigung: siehe Inkubation

Literatur

Ackermann L. (2000): Atlas der Reptilienkrankheiten, Band 1 und 2. Bede-Verlag, Ruhmannsfelden.
Amy A. P. und Whittier J. M. (2000): The annual reproduktion cycle and sperm storage in the bearded dragon. Aust. J. Zool. 48.
Badham J. A. (1976): The *Amphibolurus barbatus* spezial-group. Aus. J. Zool. 24.
Bartholomew G. A. und Trucker V. A. (1963): Control of changes in body temperature, metabolism and circulation by the agamid lizard. Physiol. Zool. 36.
Brattstome B. H. (1971): Social and thermoregulatory behavior of bearded dragon. Copeia 1971.
Bruns E. (ohne Jahresangabe): Terrarienenzyklopädie. Karl Müller, Erlangen.
Busch, M. (2009): Taschenatlas Pflanzen für Heimtiere. Verlag Eugen Ulmer, Stuttgart.
Drewes O. (2002): Faszination Terraristik. Wachtberg Verlag, Wachtberg, Berkum.
Drewes O. (2005): Kompaktwissen Echsen. Vivaria Verlag, Meckenheim.
Frye F. (2003): Reptilien richtig füttern. Verlag Eugen Ulmer, Stuttgart.
Friedrich U., Volland W. (1992): Futtertierzucht. Verlag Eugen Ulmer, Stuttgart.
Greer A. E.(1989): The Biology and Evolution of Australien Lizards. Surrey Beatty & Sons Pty. Ltd. Chipping Norton, New South Wales.
Hauschild A. (2001):Bartagamen und Krangenechsen. Natur und Tier-Verlag, Münster.
Hauschild A. (2004): Die Bartagame, Natur und Tier Verlag, Münster.
Hoch J. (2006) persönliche Mitteilung, Terrariengroßhandel Hoch Waldkirch.
Horn H-G., Sauer K., Schuchart H., Steck B., (2002): Vivarienbeleuchtung. Das richtige Licht in Aquarium und Terrarium, Edition Chimaira.
Henkel F.W.; Schmidt W. (2008): Terrarien – bauen und einrichten. Verlag Eugen Ulmer, Stuttgart.
Kästle (1973): Vollbart mit Hebelmechanik, Verhalten und Pflege der Bartagamen. Aquarien Magazin.
Köhler G. (1996): Krankheiten der Amphibien und Reptilien. Verlag Eugen Ulmer, Stuttgart.
Köhler G. (1997): Inkubation von Reptilien. Herpeton Verlag, Offenbach.
Köhler, Griesshammer; Schuster (2004): Bartagamen. Herpeton Verlag, Offenbach.
Manthey U.; Schuster N. (1999): Agamen. Natur und Tierverlag, Münster.
Müller P.M. (2002): Die Bartagame. Kirschner & Seifer Verlag, Kelten, Weiler.
Müller, V. (2010): Ihr Hobby Bartagamen. bede bei ulmer, Verlag Eugen Ulmer, Stuttgart.
Nietzke G. (1989 u. 1998): Die Terrarientiere 1 und 2. Verlag Eugen Ulmer, Stuttgart.
Rogner, M. (2005): Echsen. Verlag Eugen Ulmer, Stuttgart.
Runquist E. M. (1996): Parasiten bei Reptilien und Amphibien. Bede-Verlag, Ruhmannsfelden.
Steinke-Beck, C. (2010): Homöopathie für Reptilien. Verlag Eugen Ulmer, Stuttgart.
Throckmorton, G. S.(1985): Journal of Morphology, (o. A.).
Trutnau L. (1994): Terraristik. Verlag Eugen Ulmer, Stuttgart.
Zimmermann E. (1980): Durch Nachzucht erhaltene Bartagamen. Aquarienmagazin 24.

Adressen und Internet

Import Export Peter Hoch, Zoologischer Großhandel, August-Jeanmaire-Str. 12, 79183 Waldkirch. Hoch-Rep@t-online.de

Es werde Licht, Dreyer, Marktgängige Energiesparlampen und Leuchtstoffröhren mit UV-Anteil. Eine Marktübersicht www.terraristik-lampentest.de

DGHT: Gutachten über Mindestanforderungen an die Haltung von Reptilien

DGHT-Geschäftsstelle Postfach 1421, 53351 Rheinbach, www.dght.de

DAHMS Tierleben, www.dahmstierleben.de

Institute und Untersuchungsstellen

Institut für Zoologie, Fischereibiologie und Fischkrankheiten der tierärztlichen Fakultät der Universität München, Kaulbachstraße 37, 80539 München, www.vetmed.uni.muenchen.de/zoofisch

GeVo Diagnostik, Gesellschaft für medizinische und biologische Untersuchungen mbH, Jakobstraße 65, 70794 Filderstadt, www.gevo-diagnostik.de

Poliklinik für Vogel- und Reptilienkrankheiten, Universität Leipzig, An der Tierklinik 17, 04103 Leipzig

Institut für medizinische Parasitologie der Universität Bonn, Postfach 1825, Siegmund-Freud-Straße 25, 53127 Bonn

Laboklin, Mikrobiologisches und parasitologisches Institut, Postfach 1810, 97668 Bad Kissingen, www.laboklin.de

Staatliches Veterinäruntersuchungsamt, Dr. Silvia Blahak, Westernfeldstraße 1, 32758 Detmold

Veterinärpharmakologie und Toxikologie Zürich, (bei Verdacht auf Vergiftung), Prof. F.R. Althaus, Winterthurstraße 260, CH-8057 Zürich, www.vetpharm.unizh.ch

Veterinärmedizinische Universität Wien, Prof. Dr. Franz Schwarzenberger, Veterinärplatz 1, A-1210 Wien

Schweizer Bundesamt für Veterinärwesen, Schwarzenburgerstraße 161, CH-3003 Bern, www.bvet.admin.ch

Reptilienauffangstationen

Auffangstation für Reptilien, München e. V.
Kaulbachstraße 37
80539 München
Tel. 089/21805030
www.reptilienauffangstation.de

Reptilienauffangstation
Dieraer Weg 85
01662 Meißen in Sachsen
Tel. 03521/730167
http://reptilienstation-sachsen.org

Reptilienstation e.V.
Tierarztpraxis Romanazzi Niebler
Dorfstraße 31
14929 Treuenbrietzen
Tel. 033748/21880
info@reptilienstation.de

Wildtierstation Hohe Warte
31553 Sachsenhagen
Tel. 05725/7087-30
info@wildtierstation.de

Tierschutzverein Forchheim
Am Weingartsteig 19 g
Tel. 09191/31744
info@tierheim-forchheim.de

Tierheim
Zur Staustufe 36
91301 Forchheim
Tel. 09191 / 66368

Tierschutzverein München
Riemer Strasse 270
81829 München
Tel. 089/921 000-0
info@tierschutzverein-muenchen.de

V.A.R.A.N. e.V.
Verein für Artenschutz der Reptilien- und Amphibienhalter Norddeutschlands e.V.
Dreeskamp 44
27389 Fintel

Reptilienauffangstation Hessen
Mühlbergstraße 12
36205 Sontra
Tel. 05653/9177590

Bildquellen

Titelfoto: gettyimages / Visuals Unlimited, Inc. / Adam Jones

Arco Digital Images / NPL / William Osborn: Seite 68
Arco Digital Images / AUSCAPE / Greg Harold: Seite 22 rechts
Wolfgang Dahm: Seite 72, 74 links, 76 rechts
Martin Haberer: Seite 38 rechts
Annette Hempfling: Seite 4, 6, 8, 9, 10, 11, 12, 13, 14, 15, 23 links, 24, 27 links, 27 rechts, 29, 35, 36, 37, 44, 46, 49 oben links, 49 oben rechts, 49 unten links, 49 unten rechts, 52, 53, 56, 63, 64, 66, 67 oben, 67 unten, 68 unten, 69 links, 69 rechts, 70 links, 70 rechts, 71, 74 rechts, 76 links, 78, 79, 80, 81, 82, 83, 84, 87, 88
Friedrich Wilhelm Henkel: Seite 21, 23 rechts
Peter Hoch: Seite 25, 26, 28 links, 28 rechts, 31 oben links, 31 oben rechts, 31 unten, 32, 33 links, 33 rechts, 34, 54 links, 54 rechts, 77 links, 77 rechts
Dieter Kothe: Seite 16, 19
Roland Pesch: Seite 22 links, 75
Manfred Rogner: Seite 20
Elke Mattheus-Staack: Seite 38 links
Christine Steimer: Seite 59

Sämtliche Zeichnungen und Verbreitungskarten stammen von der Autorin.

Danksagung

Unser Dank gilt allen, die durch Fachwissen, Informationen, Anregungen und Zuspruch dazu beigetragen haben, dass dieses Buch entstanden ist. Im Besonderen seien genannt, mein Sohn Valentin, der viel Zeit am Computer verbrachte, um Landkarten zu erstellen und beim Recherchieren zu helfen; J. Hoch (Import und Export P. Hoch, Waldkirch), der uns mit seinem Fachwissen zur Terrarientechnik zur Seite stand; Rudolf Hammerl (Schwabinger Zoo Center München), Dr. R. Wissler und Dr. T. Bauer, die alle unsere Fragen gewissenhaft beantwortet haben und der Reptilienzüchter R. Pesch, der viele Informationen zur Zucht lieferte.

Für die wunderbaren Bilder bedanken wir uns bei der Fotografin A. Hempfling, die unsere Bartagamen so eindrucksvoll ablichtete und zuletzt gilt mein Dank natürlich auch all den Tieren, die geduldig als Fotomodell fungiert haben ...

Haftungsausschluss
Die in diesem Buch enthaltenen Empfehlungen und Angaben wurden vom Autor mit großer Sorgfalt zusammengestellt und geprüft. Der Tierhalter sollte jedoch bedenken, dass er in eigener Verantwortung handelt. Der Autor und der Verlag übernehmen keinerlei Haftung für Schäden und Unfälle.

Bibliografische Information der Deutschen Nationalbibliothek
Die Deutsche Nationalbibliothek verzeichnet diese Publikation in der Deutschen Nationalbibliografie; detaillierte bibliografische Daten sind im Internet über http://dnb.d-nb.de abrufbar.

Das Werk einschließlich aller seiner Teile ist urheberrechtlich geschützt. Jede Verwertung außerhalb der engen Grenzen des Urheberrechtsgesetzes ist ohne Zustimmung des Verlages unzulässig und strafbar. Das gilt insbesondere für Vervielfältigungen, Übersetzungen, Mikroverfilmungen und die Einspeicherung und Verarbeitung in elektronischen Systemen.

© 2007, 2012 Eugen Ulmer Verlag
Wollgrasweg 41, 70599 Stuttgart (Hohenheim)
E-Mail: info@ulmer.de
Internet: www.ulmer.de
Umschlaggestaltung: Atelier Reichert, Stuttgart
Lektorat: Dr. Eva-Maria Götz
Herstellung: Thomas Eisele
Satz: r&p digitale medien, Echterdingen
Reproduktion: timeray, Herrenberg
Druck und Bindung: Firmengruppe APPL, aprinta Druck, Wemding
Printed in Germany

ISBN 978-3-8001-7724-0

Register

Diese Bücher könnten Sie auch interessieren:

Erfahren Sie in über 200 Pflanzenporträts, welche Pflanzen für Ihr Haustier geeignet sind. Piktogramme geben Ihnen eine schnelle Übersicht, ob sich die jeweilige Pflanze für Säugetiere, Nagetiere, Reptilien oder Vögel als Futtermittel eignet. Außerdem werden ausführlich mit Text und Bild Vorkommen, Aussehen und Wirkungen, aber auch Erste Hilfe bei Vergiftungserscheinungen beschrieben.

Taschenatlas Pflanzen für Heimtiere.

Gut oder giftig?. Marlies Busch. 2009. 256 S., 241 Abb., kart.

ISBN 978-3-8001-5738-9

Die wichtigsten Informationen zur Erkennung von Krankheitssymptomen und Gesundheitsproblemen bei Schildkröten, anderen Echsen und Schlangen und ihrer homöopathischen Behandlung.
Mit Extrainfos zu Bachblüten, Schüßler Salzen, Vorsorge und Vermeidung von Haltungs- und Fütterungsfehlern.

Homöopathie für Reptilien.

Christine Steinke-Beck. 2010. 95 S., kart.

ISBN 978-3-8001-5798-3

Ulmer **Ganz nah dran.**